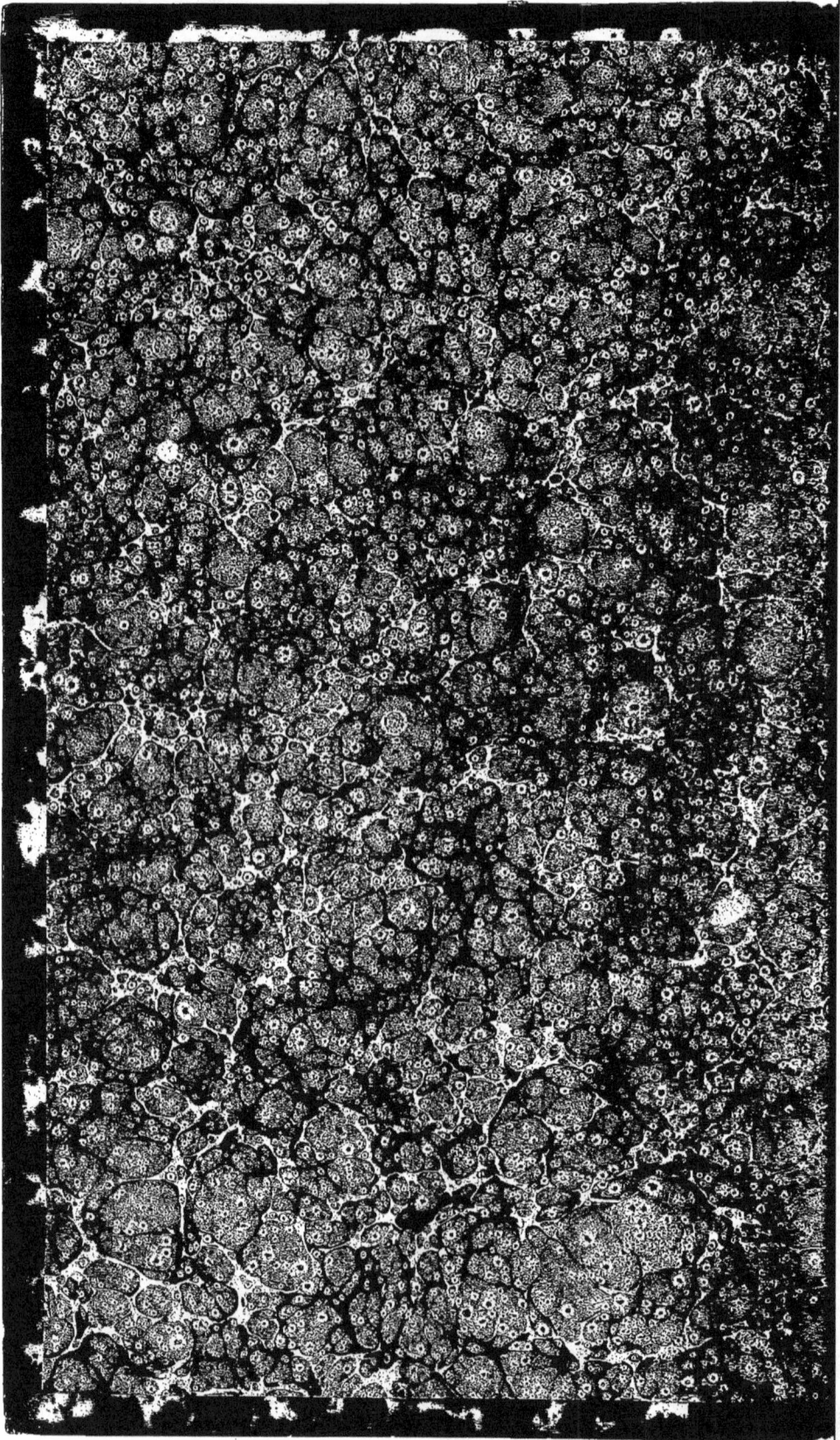

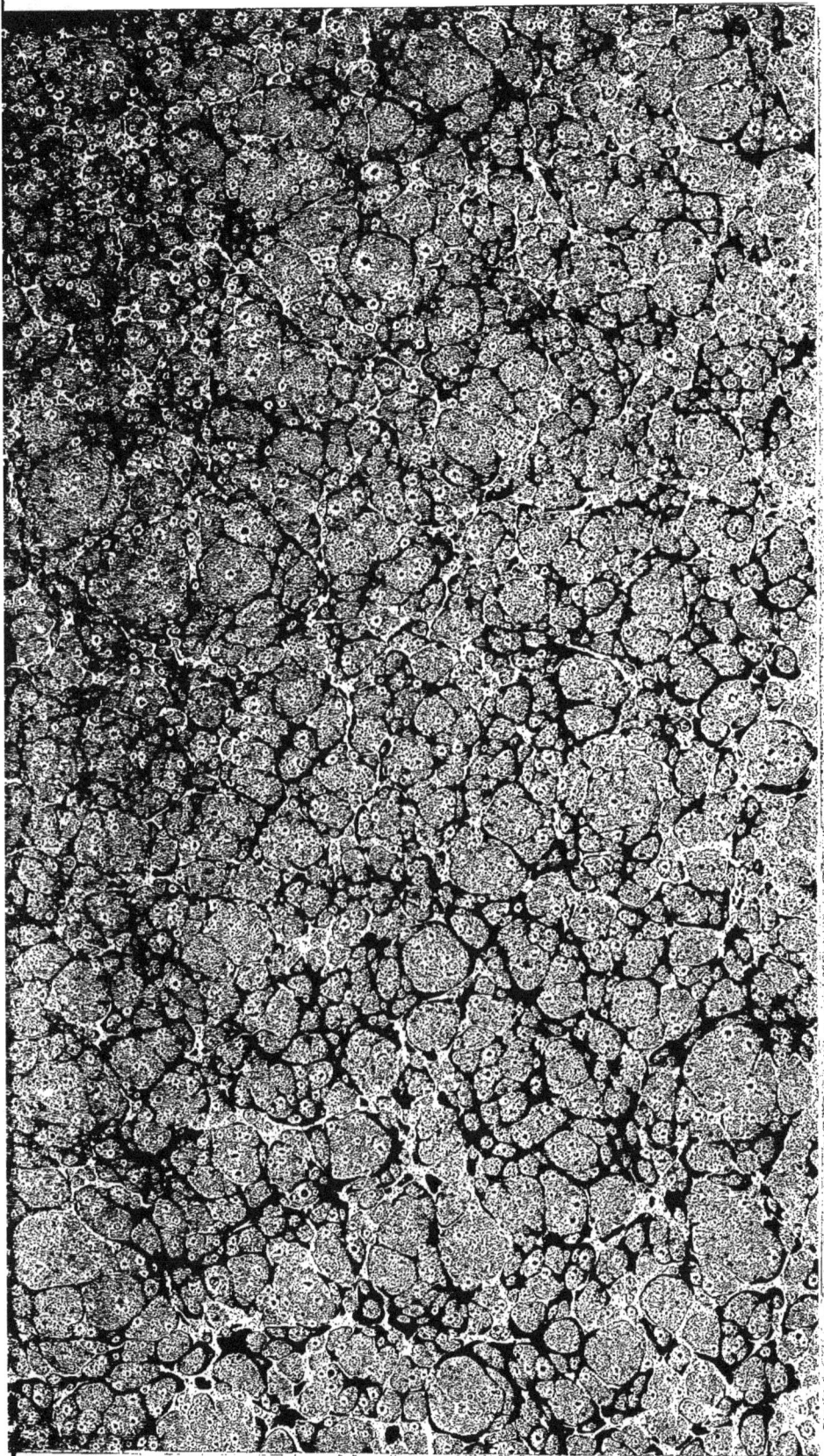

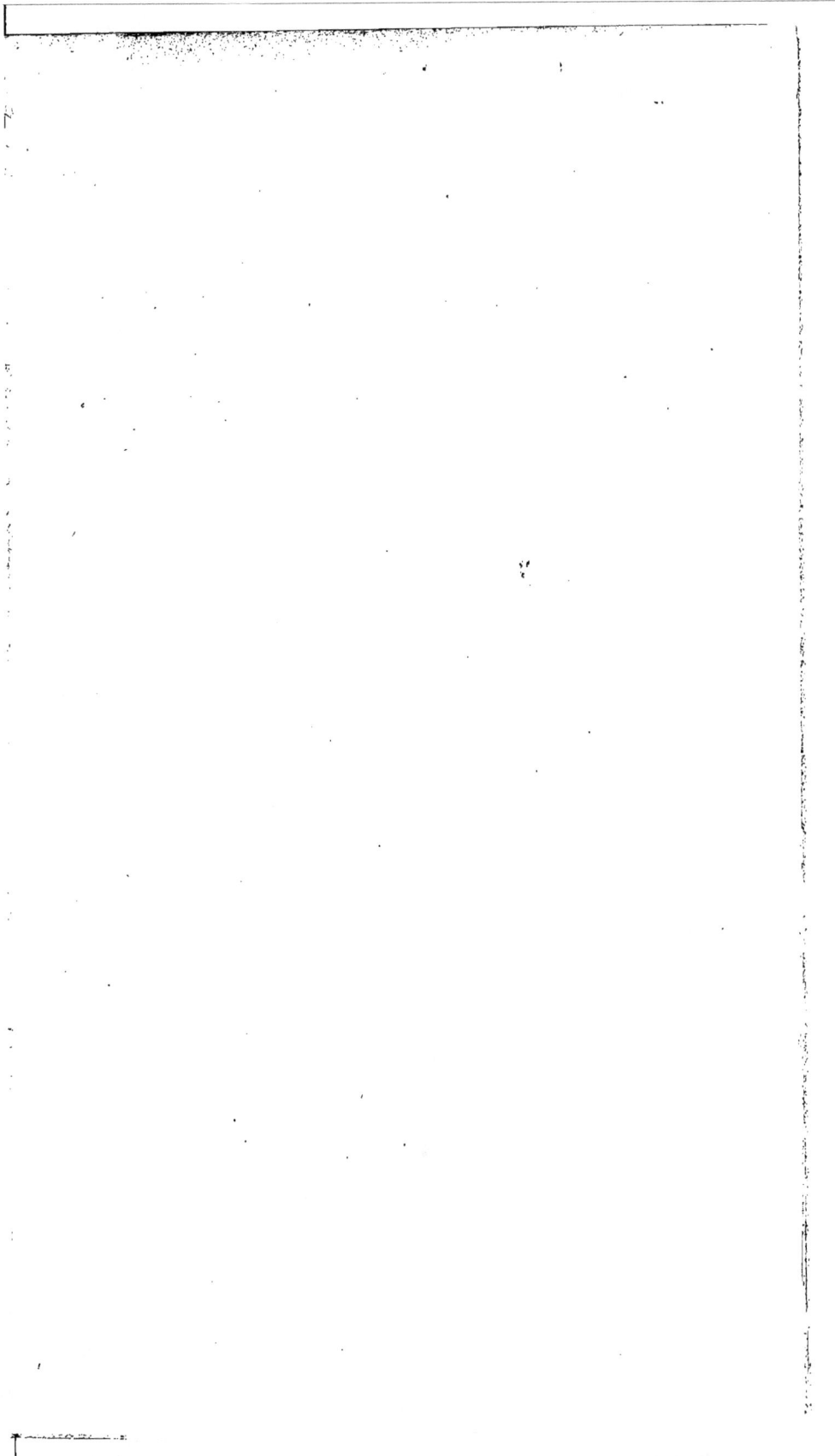

PRINCIPES

DE

L'AGRONOMIE.

PARIS — IMPRIMERIE DE W. REMQUET ET Cie,

rue Garancière, 5, derrière Saint-Sulpice.

PRINCIPES

DE

L'AGRONOMIE

PAR

LE Cᵀᴱ DE GASPARIN,

Membre de l'Académie des Sciences de l'Institut, de la Société centrale d'Agriculture
de France, etc., etc.

PARIS.

DUSACQ, LIBRAIRIE AGRICOLE DE LA MAISON RUSTIQUE,
rue Jacob, n. 26.

A M. DE GASPARIN (AUGUSTIN).

.

Mon cher Frère,

En inscrivant nos deux noms à la tête de cet ouvrage, je désire qu'il conserve longtemps le souvenir de cette amitié, plus forte encore que les liens du sang, qui a mis en commun nos sympathies, nos pensées, nos études, nos succès, et qui de nos deux familles n'en a fait qu'une seule, où se continue, à notre exemple, cette tradition d'union fraternelle.

Je désire, en outre, que ton nom rappelle aux amis de l'agriculture la part que tu as prise à ses progrès par de nombreuses expériences, par des observations ingénieuses que ta modestie aurait souvent laissées dans l'oubli, si je ne les avais rappelées dans mes ouvrages et s'il n'était échappé de ta plume ces deux piquants opuscules [1] où la poésie de la forme s'unit à la générosité des sentiments et à la vérité des pensées.

GASPARIN,
Membre de l'Académie des Sciences.

---

[1] Considérations sur les machines ; Du plan incliné comme grande machine agricole.

PREMIÈRE PARTIE.

NUTRITION DES PLANTES.

Voilà plus de dix ans que la composition de mon *Cours d'Agriculture* est commencée. Depuis ce temps de nombreuses recherches, des expériences importantes, des procédés nouveaux ont modifié en quelques parties la théorie et la pratique de la science. Mes anciens lecteurs doivent sentir comme moi le besoin d'une révision méthodique des principes qui y sont exposés. Le livre que je publie aujourd'hui est le résultat de cette révision. En renvoyant à mon grand ouvrage pour les détails qu'il contient déjà, j'ai pu me dispenser d'entrer dans des développements qui auraient rendu moins évident l'enchaînement des principes entre eux. Ainsi les hommes studieux pourront ici passer en revue cette série de déductions qui composent maintenant la science agronomique, et les rattacher aux détails pratiques plus étendus qui se trouvent dans mon Cours.

Il se trouve aussi dans le monde des hommes instruits, qui entendent parler d'agriculture et qui, ne se faisant pas une juste idée de ce que cette branche de connaissance est aujourd'hui devenue, demandent à y être

1

initiés, par simple curiosité scientifique, et sans avoir le projet de s'adonner à la pratique. Il fallait à ceux-ci un livre substantiel, où sans se perdre dans des détails trop spéciaux, ils pussent se faire une idée exacte et sommaire de l'état actuel de l'agronomie ; enfin, les professeurs devaient désirer un texte propre à être développé dans leurs leçons. Telles ont été les vues qui m'ont guidé dans la rédaction de cette exposition des principes de l'agronomie.

En écrivant le *Cours d'agriculture*, je m'étais proposé un double but : je voulais d'abord prouver aux agriculteurs de profession que leurs pratiques n'étaient pas un simple empyrisme, mais qu'elles pouvaient se déduire de principes scientifiques, comme ceux de la physique et de la physiologie; enfin que leur art pouvait devenir une science, en lui appliquant les méthodes que les sciences emploient dans leurs recherches : le nombre, le poids, la mesure. D'un autre côté, je voulais prouver aux savants que l'agronomie qu'ils traitaient avec mépris, avait toutes les propriétés, les qualités, les proportions des sciences que l'on appelle *techniques,* et qui sont des divisions, des branches détaillées de plusieurs sciences pures.

Ces deux buts ont été atteints, non par mes seuls efforts, mais grâce aussi au concours de plusieurs savants illustres. Qu'on se rappelle le petit nombre d'agriculteurs qui, en 1849, étaient initiés aux principes de la science, le vague du langage de ceux qui passaient pour doctes ; que l'on ouvre leurs livres, on les verra bien recommander la nécessité des engrais, mais sans dire dans quelles proportions avec le sol et les plantes culti-

vées; conseiller d'avoir de nombreux bestiaux, mais
sans indiquer leur rapport avec les engrais nécessaires;
de bons assolements, mais sans avoir rien su ajouter au
précepte de Virgile:

Sic quoque mutatis requiescent fœtibus arva.

sans même avoir su interpréter ce précepte, en présence
des nombreux démentis donnés par la pratique. Aujour-
d'hui beaucoup de praticiens savent rendre compte
numériquement de leurs opérations, et je crois que le
Cours d'agriculture a contribué en quelque chose à sub-
stituer le savant au discoureur. Les effets de ce changement se sont fait sentir dans la pratique, les progrès
ont été constants et continueront à l'être sous l'impulsion de méthodes rationnelles.

Le second but n'a pas été moins bien rempli. Quand les
savants ont vu que les agriculteurs revenaient de leurs
préjugés; que, cessant d'admettre comme des faits pri-
mordiaux qui leur seraient propres, les phénomènes
dépendants des lois générales de la matière et de la vie,
qu'ils cherchaient à les expliquer avec le secours des
sciences physiques, alors ils ont consenti de leur côté à
s'occuper des faits agricoles, car ils ont compris que
leur ensemble constituait une véritable science naturelle. Leur dédain a cessé en même temps que le dédain
de l'ignorance.

Ce traité de paix, proposé il y a trois siècles par
Bernard de Palissy, a été signé de nos jours et a rapproché définitivement l'agriculture de la science. Qu'elle

1.

se garde de dire à l'avenir qu'elle se suffit à elle-même.
Non, aucune branche des connaissances humaines
n'est indépendante des autres, et moins encore l'agriculture, qui se meut au milieu de phénomènes physiques, chimiques, mécaniques, dépendant de sciences
dont elle ne peut refuser le secours, sans renoncer à diriger, à expliquer, à prévoir les accidents qui détermi-
nent ses succès et ses revers. Privés du secours des
sciences accessoires, les faits agricoles ne parlent qu'un
langage équivoque, et ne constituent plus qu'un em-
pirisme trompeur que l'on décore faussement du nom
de pratique.

L'histoire de l'agriculture en fournit des preuves
nombreuses. Quand dans le siècle dernier, enchantés
des effets produits par le marnage renouvelé de l'an-
tiquité, nos auteurs modernes le prônèrent, le recom-
mandèrent avec chaleur, leur propagande rencontra
souvent des échecs dont ils ne savaient pas rendre
compte. C'est la minéralogie et la chimie, qui consta-
tèrent que les terres où la marne échouait étaient des
terres suffisamment pourvues de calcaire, et que par
conséquent elle agissait en donnant cet élément au sol.
Puis arrive un agriculteur qui, sans la chimie, aurait
créé une nouvelle confusion, il chaulait avec succès des
terres assez abondantes en calcaire. Mais les unes, provenant du défrichement de bois, surabondaient en acide
carbonique qu'il fallait neutraliser par la chaux caustique, d'autres contenaient du carbonate de chaux insoluble et manquaient de terreau, qui aurait pu leur
fournir un excès d'acide carbonique nécessaire pour le

rendre soluble. Comment s'en seraient tirés les agriculteurs obstinés à répudier le secours des autres sciences? L'un aurait dit : La marne et la chaux doublent les récoltes sur les terres rougeâtres et meubles ; un autre aurait ajouté, que leur effet se fait sentir principalement sur celles qui sont grises et compactes ; mais, un troisième aurait trouvé leur effet nul sur les unes et sur les autres ; la vérité de ce principe devenait incertaine et ne trouvait plus son explication, qu'en faisant précéder d'une expérience chaque application de ces substances. Ne voyons-nous pas ces incertitudes régner sur les questions que l'observation scientifique n'a pas encore éclaircies? Par exemple, sur les effets du gypse en rapport avec un terrain donné, sur ceux des engrais phosphatés, etc. Sans l'aide de la science, les arts n'ont que des recettes limitées à des cas que l'on ne sait pas définir, des secrets qui réussissent entre certaines mains et échouent avec d'autres, des procédés bornés par chaque horizon, des cultivateurs habiles dans leur village et qui sont des ignorants et des maladroits hors de la vue de leur clocher natal.

C'est en France et depuis peu d'années, que les arts, gênés dans leur développement par les circonstances politiques, puis par une concurrence puissante, ont demandé aux sciences cet utile concours, et leur ont dû les progrès éclatants qui leur ont permis de lutter avec leurs rivaux. Ils en ont reçu la fabrication de la soude, des acides à bas prix, puis l'iode, le brôme, le chloroforme, le lapis-lazzuli ; mais plus que ces dons matériels, le don inestimable de leurs méthodes. Qu'était la mé-

tallurgie avant 1820? Il a fallu alors tout réformer en fait
de mines et de fonderies, et si l'École des mines n'eût pas
existé, si elle n'eût pas préparé à l'avance une foule de
théorèmes nouveaux en même temps que des hommes
capables, la France eût été fort embarrassée. L'ancien
art des mines était épuisé, tout était arrêté, stagnant;
on peut en dire autant des teintures, des machines à
vapeur, des constructions, de la mécanique. La science
a même créé des arts tout entiers, tels que la télégra-
phie électrique. L'agriculture languissait dans des pratiques routinières; la science agricole a été fondée
quand des savants distingués y ont introduit l'expéri-
mentation. Ils lui ont donné en quelques années la
théorie de la nutrition des plantes, celle des engrais,
celle de la connaissance des terrains; la détermination
intrinsèque de ses produits; ils l'ont mise sur la voie de
l'appréciation de climats aux faits agricoles. L'application des mathématiques, de la mécanique, de l'art des
constructions est devenue une profession nécessaire sous
le nom de *génie* rural; et on lui doit les procédés ra-
tionnels du drainage, et l'application de la machine à
vapeur à un grand nombre d'usages agricoles, entre
autres au transport des engrais; la possibilité d'appliquer le calcul aux effets des machines de toute sorte, de
nous préserver de la nécessité d'essais infructueux, etc.
Prenez un de ces hommes qui repoussent obstinément
la science, et qui ont absorbé consciencieusement tous
les livres à phrases agricoles et à prétentions pratiques,
antérieurs à la nouvelle ère dans laquelle nous entrons;
adressez-lui une des questions suivantes, et priez-le

de les résoudre par des procédés complétement agricoles, absolument purs de tout mélange *adultère*.

1° On vient de découvrir une nouvelle minière de marne ; connaissant la quantité d'une autre marne qui convient à vos terres , quelle quantité devez-vous employer de la marne découverte ?

2° Quelle est la puissance réelle de vos fumiers, comparée à celles d'un autre engrais ; à la poudrette, par exemple ?

3° Vous cultivez une ferme à moutons, employez-vous sur vos terres les mêmes masses d'engrais que votre voisin qui a des vaches ? S'il y a une différence, comment l'apprécierez-vous ?

4° Voulez-vous obtenir avec probabilité une récolte de 40 hectolitres d'avoine d'une terre où vous venez de récolter 18 hectolitres de blé ? Quelle dose de fumier employerez-vous ?

5° Si vous transportez votre culture d'un domaine à terres fortes dans un autre à terres légères , comment estimerez-vous la différence des forces que vous devez employer, et d'après cette estimation quelles modifications introduiriez-vous dans vos animaux de travail et vos instruments aratoires ?

Je m'arrête. On ferait une longue liste de pareils problèmes, auxquels le plus habile fermier ne saurait répondre sans de longs essais , s'il ne réunit pas les connaissances théoriques à sa pratique habituelle. C'est en reconnaissant la facilité et la sûreté des solutions scientifiques, que les fermiers instruits des environs de Paris et les grands propriétaires des provinces ont accepté les nouveaux enseignements de la science ; puis, les plus simples cultivateurs de nos départements de l'Ouest, trompés outrageusement chaque jour par des marchands d'engrais, qu'ils payaient dix fois, vingt fois, cent fois leur valeur réelle, ont dû recourir aux laboratoires de chimie et n'ont plus voulu les acheter que sur leur titre fixé par des analyses. En effet, l'administration a dû établir des laboratoires dans les pays où se fait ce grand commerce d'engrais, pour ne pas renoncer à son rôle de protection. Jusqu'à ces derniers temps, sans faire pour l'instruction agricole, tout ce qu'elle accordait à d'autres branches de l'agriculture, elle avait créé quelques écoles, distribué quelques encouragements, mais la nécessité d'un enseignement supérieur et complet devenait de plus en plus évidente et il se préparait dans le silence, quand éclata la révolution de **1848**.

Au milieu du pêle-mêle d'hommes et de choses qui s'ensuivit, l'agriculture eut le bonheur qui lui avait été refusé pendant la longue durée d'un ordre régulier, elle obtint un ministre, M. Tourret, qui était à la fois un organisateur et un agriculteur, et qui avait assisté aux délibérations du conseil général de l'agriculture, où avait été arrêté le système de l'enseignement agricole. Il présenta et fit adopter une loi qui l'établissait sur une large échelle, et mettait à sa tête une école supérieure d'application. Je n'entrerai pas dans les détails de l'exécution de ce plan. On l'aurait voulu plus mesurée et plus prudente ; mais le ministre connaissait notre pays, il savait qu'il fallait emporter d'assaut, dans le premier moment d'enthousiasme, les moyens d'exécution que l'on dispute et que l'on refuse plus tard quand cette chaleur est passée ; il savait qu'en France le succès dépendait surtout de la grandeur et de l'éclat de l'œuvre que l'on cherchait à édifier ; il pensait enfin que cette grandeur, cet éclat, les sacrifices qui auraient été faits, seraient dans l'avenir la plus sûre garantie de sa conservation.

En effet, l'institut agronomique de Versailles commençait à montrer une culture chaque jour perfectionnée ; une collection d'animaux du premier choix, précieux moyen de faire avancer une science encore nouvelle (la zootechnie) ; une réunion d'excellents professeurs produits d'un concours sévère ; et, enfin, les succès des élèves qui avaient déjà suivi deux années d'études théoriques et allaient les compléter dans la pratique des fermes.

C'est dans cette heureuse situation que l'institut a été détruit ; sans doute pour des motifs graves qui n'ont pas été déduits et qui restent dans la pensée du gouvernement. Nous respecterons son silence tout en regrettant de voir tarir une telle source de bonne instruction agricole. Nous ne pouvons admettre d'ailleurs les objections superficielles des hommes du monde que cette institution blessait dans leurs préjugés.

Nous n'avons pas besoin, nous disait-on, de toute cette théorie, il nous faut des écoles pratiques qui forment des hommes propres à mettre la main à la charrue.

Alors, pourquoi vos écoles d'artillerie, de génie, de constructions ? Ne suffit-il pas aussi d'être canonnier ou maçon ? La pratique manuelle s'apprend par le travail manuel, *fit fabricando faber;* et les élèves de vos écoles pratiques, en retournant chez eux, trouveront un grand nombre de cultivateurs qui, restés dans leurs champs paternels, manieront mieux qu'eux la bêche, la houe, la charrue.

Est-ce une classe ayant un degré de plus d'instruction que vous voulez former? Mais, nous venons de voir que l'instruction agricole dépend de connaissances scientifiques et toutes spéciales à une situation, à un terrain, à un climat donné. Voulez-vous la généraliser davantage? Alors vous tombez inévitablement dans les explications tirées de la science, explications incomplètes, obscures, pour celui qui ne remonte pas aux principes ; que l'on impose à la foi de l'élève, mais qui ne pénètrent pas dans sa raison. Vous lui ferez adopter la charrue Dombasle, mais je vous défie, sans une étude assez avancée de la mécanique, de lui expliquer pourquoi elle est préférable à toute autre ; et ensuite, pourquoi dans d'autres espèces de terrains que celui pour lequel elle a été combinée, elle devra être modifiée.

Non, il n'y a que deux ordres d'enseignements : l'enseignement technique et l'enseignement scientifique. Le premier enseigne à tirer parti d'une situation, et à savoir se rendre compte des résultats économiques de ses travaux. Cet enseignement doit consister dans une ferme bien tenue, dont les élèves soient les ouvriers, dont le chef, exigeant pour le travail, soit complaisant pour expliquer dans de simples conversations la raison de ses procédés et des phénomènes qui se produi-

sent journellement sous les yeux des élèves. Les seules
leçons théoriques qui devront accompagner ces exer-
cices, sont l'arithmétique, la géométrie la plus élémentaire et la tenue des livres. Il se formera là les ouvriers
et les contre-maîtres que vous désirez.

L'autre enseignement doit être scientifique, et ne
peut l'être à demi. Pas de pareil fléau, pour eux-mêmes
et pour les autres, que ces hommes légèrement sau-
poudrés de science, ayant appris des mots et non des
choses, et exposés sans cesse dans la pratique à faire
de fausses applications de principes mal compris, et à
décrier une science que l'on juge d'après leurs erreurs et
leur présomption. C'est une instruction plus complète
qu'il faut à ceux qui sont appelés à diriger le mouvement agricole du pays, bien plus encore qu'à montrer leur habileté dans l'exploitation limitée d'une
ferme.

Il y a, en effet, une classe tout entière d'hommes qui,
ne devant pas devenir ouvriers, mais ayant, comme propriétaires ou tenanciers, une grande influence sur la
marche de l'agriculture, doivent posséder cette instruction avancée et sérieuse. Ceux-ci n'entreprendront rien
que sur un plan bien médité, inspiré par des principes certains, mais ils sauront aussi s'aider du savoir
pratique du pays où ils opèrent, et en démêler les avantages comme les défauts ; quand ils tenteront une opération, c'est que son succès aura de grandes probabilités,
et ils sauront ainsi pousser et avancer les indécis par
leur hardiesse calculée, et inspirer la confiance par leur
prudente retenue. Qu'on se persuade bien que c'est par

la tête que l'on instruit la société ; il faut que le fanal soit placé haut pour être vu de loin. Une école comme était l'institut agronomique, en disséminant sur la surface du pays des hommes complétement instruits, aurait plus fait en vingt ans pour les progrès de l'agriculture que ne feraient dix générations de petites écoles où l'on instruit incomplétement un ouvrier sur cinq mille, lequel, s'il a réussi, va renfermer ses influences dans le recoin obscur de quelque ferme isolée.

Mais cette école supérieure aurait eu encore un effet que l'on ne peut trop regretter. En parcourant les Annales de l'agriculture, on est étonné du petit nombre de savants qui ont appliqué leurs connaissances à cette science. Qu'un propriétaire s'adonne dès son jeune âge aux études scientifiques, entraîné vers quelque objet spécial de recherches, il perdra de vue ses champs, sera géomètre, physicien, chimiste, selon le penchant de son époque. C'est un pur hasard qui fera naître un Duhamel ou un Thaër.

Voulez-vous qu'une branche de connaissance soit cultivée? Créez un intérêt et un devoir pour ceux qui s'y consacreront; ouvrez-leur une carrière, ils s'y engageront et voudront s'y distinguer. C'est ainsi que les professeurs de l'institut agronomique travaillaient, chacun de son côté, à créer, à perfectionner les méthodes de leur enseignement. Chaque année ils lui apportaient un nouveau tribut, et chaque année nous aurions vu diminuer la liste trop nombreuse des problèmes non résolus de la science agronomique. Ainsi, une semblable institution était à la fois un stimulant énergique du progrès scientifique, par ses professeurs et ceux qui auraient aspiré à le devenir, par ses élèves qui l'auraient répandu dans l'opinion et dans la pratique.

On pardonnera cette oraison funèbre de l'institut à celui qui, ayant accepté la mission pénible de présider à son organisation définitive, ne s'y était décidé que sur des instances pressantes et réitérées qui semblaient lui en garantir la durée.

Ai-je besoin d'avertir que pour aborder avec fruit l'étude de l'agronomie, il faut posséder les connaissances qui lui servent de point de départ? Une explication deviendrait obscure et interminable s'il fallait commencer par en définir tous les termes, il faut savoir la langue qu'elle emploie pour en profiter. Je ne suis pas très-touché des plaintes de ceux qui trouvent les abords de la science pénibles et difficiles. Il n'y aura toujours que trop de ces ouvrages où l'on cache la difficulté pour n'avoir pas à la résoudre, et où des lieux communs sont présentés à ceux qui croient y trouver de la science, parce qu'ils y trouvent des mots scientifiques, et se croient savants parce qu'ils ont appris à prononcer ces mots sans en comprendre le sens vrai. Je conçois que des livres de pratique locale, des manuels spéciaux, où l'on trace une ligne de conduite pour une situation et des circonstances données, puissent être mis à la portée du grand nombre; ces livres sont utiles et nécessaires et ne doivent pas être considérés comme la science agronomique, de même que l'instruction sur l'exercice de l'infanterie n'est pas un traité de tactique; mais quand il s'agit d'aborder les phénomènes dans leurs généralités, de les observer, de les décrire, de les expliquer quand cela se peut, il est impossible de se passer de tous les instruments de recherches qu'offrent les sciences naturelles et physiques, et c'est se faire une étrange illusion, que d'attribuer la moindre valeur pour les progrès de l'agronomie, à cette science mise *à la portée de tout le monde*, qui paraît être la seule que l'on veuille encourager aujourd'hui.

L'agriculture dont nous présentons ici le tableau n'est pas un simple calque de celle qui est pratiquée dans telle ou telle localité. Après avoir analysé toutes les métho-des connues, j'ai cherché à reconnaître, au moyen de la synthèse, les principes qu'elles avaient en commun, et puis, j'ai demandé à la science la raison de ces prin-cipes. Mais quand, en suivant ces procédés, on arrive à la racine des faits agricoles, on ne tarde pas à voir que ces pratiques prises isolément sont le fruit de tâtonne-ments péchant par leur base et par leurs détails, des édifices bâtis sans plan, de pièces rapportées, incohé-rentes, en un mot; que s'il y a quelque chose à en conserver, et à perfectionner, il vaut mieux plus sou-vent bâtir de nouveau après avoir fait place nette. C'est ce qui arrive pour les préparations du sol qui, avant toute culture, doivent le mettre autant que possible à l'abri des intempéries, et dans les conditions les plus propres à l'habitation des plantes; les défrichements, les drainages, les irrigations et les autres amende-ments; pour le choix, la fabrication des engrais et leur distribution; pour celui des forces à employer et celui des instruments qu'elles doivent faire mouvoir; pour l'adoption du système de culture et d'assolement le plus approprié au sol et au climat; pour l'adoption des végétaux à cultiver, de leurs variétés et de leur perfectionnement; pour la simplification des rouages de l'administration et l'intelligence de l'emploi des capitaux; enfin, pour le développement des industries diverses qui se rattachent à la culture, pour la zootechnie, la préparation et la fabrication de produits divers.

Et cette révolution qui doit s'opérer dans l'agriculture n'est pas une chimère; elle marche à grands pas de l'autre côté de la Manche. Qui peut voir et entendre sans admiration le courage avec lequel les Anglais ont affronté la situation périlleuse où les nouvelles lois sur les grains mettaient leur industrie agricole, et comme ils ont cherché immédiatement le remède dans l'application des moyens scientifiques? Ouvrez les recueils de leurs sociétés d'agriculture, et vous y verrez les ingénieurs, les chimistes, les physiciens, les agriculteurs, combiner leur savoir et leurs efforts, pour mettre, par ses produits, leur belle industrie au niveau de toutes les autres industries. Aussi de toutes parts, le crédit leur vient en aide et ajoute de nouveaux moyens de succès à ceux qui dépendent de la science.

Et quand détournant nos regards de ce tableau, nous les reportons sur nos champs, quel contraste! quel découragement pour les faibles, mais aussi quelle émulation pour les forts et les courageux, en nous voyant si loin du but dont approchent nos rivaux! Or, quand on a des rivaux et que l'on a du cœur, on ne cherche pas à les entraver et à les combattre, on cherche à les imiter d'abord, et à les surpasser ensuite.

Voilà avec quels sentiments j'ai entrepris cet ouvrage et avec quels sentiments je voudrais qu'il fût lu et mis en pratique par mes concitoyens.

PRINCIPES

DE

L'AGRONOMIE.

CHAPITRE PREMIER.

Définition et limite du sujet de l'ouvrage.

1. L'agronomie est la science qui enseigne les moyens d'obtenir les produits des végétaux de la manière la plus parfaite et la plus économique.

2. C'est une science technologique, puisqu'elle n'a pas seulement pour but de connaître, comme les sciences pures, mais aussi celui de produire une utilité. C'est la branche technique de la phytologie ou science des végétaux. Mais la phytologie se borne à recueillir ou à faire croître le végétal pour l'observer, l'agronomie fait croître une valeur végétale.

3. La théorie d'une science technologique réunit les notions et les principes qui complètent la connaissance

2

du sujet sous le rapport de l'application ; notions et principes que la science mère peut avoir négligés, parce qu'elle cherchait seulement à connaître le sujet et que la science technologique veut, de plus, l'utiliser ; ainsi l'agronomie étudie les lois de la végétation applicables aux besoins de l'homme.

4. Au-dessous de chaque science technologique se trouve son application matérielle. Celui qui se dirige d'après les lois de l'agronomie, c'est l'agriculteur ; celui qui exécute matériellement les principes de l'agriculture, c'est le cultivateur. Le cultivateur est l'artisan, l'agriculteur est l'artiste, l'agronome est le savant qui ouvre la voie dans laquelle les deux autres doivent marcher. (*Cours d'agric.*, t. V, p. 421.)

5. L'agronome aura rempli sa tâche quand, pénétré des principes de la phytologie, avec le secours des sciences qui ont pour objet les forces, la matière, les capitaux, il aura indiqué les lois de leur réaction mutuelle, pour parvenir à la production la plus utile aux intérêts de ceux qui les mettent en pratique.

6. Pour mettre de l'ordre dans cette étude, nous rechercherons d'abord les faits qui sont communs à toutes les plantes, ce qui nous dispensera de répétitions inutiles dans leur étude particulière ; nous examinerons ensuite ce qui se passe dans la croissance simultanée ou successive de plusieurs générations de la même plante ou de plantes différentes sur le même terrain ; nous montrerons enfin comment doivent être organisées, dirigées mises en œuvres les forces de diverses natures que l'on fait concourir à la production, de manière que

le maximum de valeur des produits soit le résultat du minimum de valeur des forces.

7. Nos devanciers avaient confondu, sous le titre général d'agriculture, la culture des végétaux et l'élève des animaux; parce que souvent, les deux industries se trouvent réunies dans les exploitations, s'entr'aidant et se complétant l'une l'autre. Mais elles se trouvent aussi fréquemment séparées, chez les peuples pasteurs qui élèvent sans cultiver; et chez les nations qui cultivent sans élever (la Chine, les nombreuses situations où l'on peut se procurer abondamment des engrais, les cultures maraîchères, les forêts, etc.). Les deux sciences qui s'occupent de ces deux classes de corps organisés, la zoologie et la phytologie, sont encore trop séparées dans leurs procédés pour qu'il soit possible de les confondre dans une même étude. L'étude plus approfondie des principes de la vie tend sans doute à les rapprocher et à réunir un jour dans une synthèse commune la science des corps organisés; mais cette réunion serait aujourd'hui prématurée, et nous devons conserver la séparation actuelle qui facilite l'étude, jusqu'au temps où l'identité des lois qui régissent la vie animale et la vie végétale, sera assez bien constatée et reconnue, pour qu'il n'y ait plus qu'une seule physiologie.

8. Cette réserve ne nous empêchera pas de signaler les analogies que nous remarquerons entre les deux règnes. Par exemple, nous trouvons, dès le début, qu'il faut fournir aux végétaux et aux animaux des aliments et une habitation. L'habitation est fixe pour les plantes

2.

qui n'ont pas la faculté de la locomotion, et auxquelles il faut choisir une situation qui convienne à leur nature, tandis que les animaux en liberté savent trouver celle qui donne satisfaction à leurs besoins; et quant aux animaux domestiques, il est facile aussi de les placer dans une habitation convenable et de les soustraire aux intempéries qui leur sont nuisibles, en les faisant changer de place. Dans les deux cas, choisir et fournir les aliments et l'habitation convenables sont les deux premières tâches de l'agronomie comme de la zootechnie.

CHAPITRE II.

De l'alimentation des végétaux.

9. On donne le nom d'aliment aux substances susceptibles d'être absorbées par des organes spéciaux des corps vivants et d'y éprouver des modifications qui les transforment en éléments similaires à ceux de ces corps, propres à en augmenter la masse et à les remplacer.

10. En effet, les corps vivants, plantes ou animaux, ne peuvent s'accroître sans recevoir des aliments du dehors; ils ne pourraient non plus se conserver sans ces aliments, car ils éprouvent sans cesse des pertes par l'action de différentes causes qui modifient leurs molécules, et les rendent impropres aux fonctions vitales; privées alors de leur caractère organique, ces molécules sont évacuées par différentes voies sous forme de déjections, ou passant à l'état gazeux, elles sont dispersées dans l'atmosphère.

11. On a défini les végétaux des êtres organisés qui peuvent se nourrir de matières qui n'ont pas vécu, par

opposition aux animaux qui ont pour aliments des matières qui ont eu vie (Aug. Comte). En effet, les végétaux peuvent assimiler des substances purement inorganiques. Avec de l'ammoniaque, de l'eau, de l'acide carbonique, ils peuvent créer de toutes pièces des substances organiques, de la cellulose, de l'amidon, du gluten, de l'albumine, etc., mais seulement au contact de corps organiques vivants et analogues, préexistants dans le végétal. Les animaux ne peuvent vivre que de choses ayant déjà vécu sous forme animale et végétale et qu'ils modifient en se les assimilant. Les herbivores ne vivent que par l'existence du règne végétal, et les carnivores qui se nourrissent des herbivores, sont aussi sous la dépendance médiate de l'existence de ce règne.

12. Mais il faut ajouter que si au lieu de principes inorganiques ou minéraux, on fournit aux plantes des principes organiques, leur vie en reçoit un accroissement d'énergie, et elles les convertissent en leur propre substance au moment où par les actions chimiques, les éléments de ces principes se désaggrégent et se présentent à l'état naissant à leurs organes. On sait que les végétaux prospèrent sous l'influence des engrais composés de matières animales ou végétales, tandis qu'ils n'ont qu'une vie languissante, s'ils n'ont à leur disposition que les matières minérales, l'eau et les gaz de l'atmosphère.

13. Les plantes vivent dans deux milieux, la terre (ou l'eau pour les plantes aquatiques) dans laquelle elles plongent leurs radicules, et l'air dans lequel s'élè-

vent leurs tiges (1). C'est donc dans la terre généralement pour les plantes cultivées et dans l'air que doivent se trouver les aliments des plantes. Elle les absorbent par l'extrémité de leurs racines dans leur milieu inférieur; et par les pores de leurs feuilles dans l'air, leur milieu supérieur.

14. Quelques différences entre la nutrition des végétaux et des animaux ont donné à des naturalistes une extrême répugnance à qualifier du nom d'aliments les substances nourricières des végétaux. Mais ces différences sont plus apparentes que réelles, et ici encore nous trouvons les éléments d'une synthèse qui, plus tard, réunira dans une seule théorie toute la physiologie des corps vivants. Les pores qui absorbent la nourriture sont extérieurs (les radicules) chez les végétaux; ils sont intérieurs et placés sur le tube digestif des animaux. Il devait en être ainsi : les végétaux étant privés de la faculté locomotive pouvaient avoir à l'extérieur le réservoir de leurs aliments; mais les animaux devaient le porter avec eux dans leurs mouvements. Les estomacs, les intestins, représentent pour eux le sol dans lequel aboutissent les vaisseaux absorbants, comme les spongioles des radicules aboutissent au sol; il s'y passe seulement quelques actes préliminaires de transformations qui, chez les végétaux, s'accomplissent dans leurs tissus.

---

(1) Sauf des exceptions pour les plantes aériennes qui n'ont besoin que d'un support et vivent entièrement dans l'air humide, et les plantes parasites dont les racines s'implantent dans le tissu des plantes vivantes.

15. Parmi les substances qui se trouvent dans la terre et dans l'air, quelles sont celles qui sont vraiment alimentaires pour les végétaux? Telle est la première question que nous ayons à résoudre. Le jeune animal trouve dans l'œuf ou dans le lait la nourriture de son jeune âge, qui pourrait être aussi celle de toute sa vie; ne pourrait-on pas en induire que la nourriture préparée dans la semence pour la jeune plante, avant qu'elle puisse atteindre les substances extérieures, est aussi l'aliment normal du végétal adulte?

16. Le lait contient une quantité variable d'eau; à l'état sec, il renferme, savoir (1) :

	VACHE.		CHÈVRE.		BREBIS.		ANESSE.		JUMENT.		FEMME.	
Beurre	258	} 605	346	} 590	407	} 641	145	} 762	64	} 701	301	} 856
Sucre de lait	347		244		234		617		637		555	
Caséine	242	} 339	275	} 381	217	} 309	58	} 207	91	} 253	27	} 130
Albumine	97		106		92		149		162		103	
Sels	56		29		50		31		46		14	
	1,000		1,000		1,000		1,000		1,000		1,000	

Ainsi deux substances ternaires, le beurre et le sucre de lait, faisant fonctions d'aliments respiratoires : deux substances quaternaires ou azotées, la caséine et l'albumine, aliments plastiques, et des sels; telle est l'alimentation normale des mammifères, qui seule peut suffire à leur développement et à l'entretien de leurs forces.

_____

(1) Doyère, *Annales de l'Institut agronomique*, p. 252 et suiv.

17. Le grain de blé, l'œuf et·le lait de ce végétal renferment :

Graisse.	20	} 800
Amidon..	780	
Gluten.	170	} 190
Albumine.	20	
Sels.		10
		1,000

Ici encore deux substances ternaires et deux quaternaires ou azotées, presque dans la proportion du lait de la femme. L'analyse d'autres graines nous donne des principes analogues variables dans leur proportion. Ainsi, la matière grasse compose la moitié du poids de la graine de sésame. Mais ne trouvons-nous pas aussi des différences considérables dans la composition du lait des différentes espèces d'animaux : 64 de beurre dans le lait de jument, 107 dans celui de brebis?

18. Quant aux matières minérales, le lait renferme des phosphates de chaux, de magnésie, de fer, de soude; du chlorure de sodium, du carbonate de soude; et le grain de blé des sulfates, des phosphates de chaux, de magnésie, de potasse, de soude, des chlorures et de la silice. Les seules différences consistent dans le soufre que l'on ne trouve pas dans le lait, mais qui se rencontre dans les œufs, et dans la prédominance de la potasse sur la soude dans les végétaux, tandis que c'est la soude qui est le principe alcalin particulièrement propre aux animaux.

19. D'après ces rapprochements, on est bien tenté de penser que les substances qui composent la nourriture

des jeunes plantes dans leurs semences, sont aussi celles
qui conviennent à leur âge adulte. La grande ressem-
blance de composition du lait de femme et de la semence
de froment, qui l'une et l'autre peuvent servir à la nourriture complète de l'homme ajoute à la force de cette
induction, surtout si l'on considère que les semences
sont la meilleure nourriture que l'on puisse fournir aux
plantes développées et que, par exemple, la graine de
lupin, privée de la faculté génératrice par l'action de
l'eau bouillante, est reconnue comme un excellent engrais.

20. Mais on voulait quelque chose de plus qu'une
probabilité, et l'on s'est dit que le végétal devant en définitive être composé des substances qui avaient servi à
le nourrir, son analyse donnerait la formule de son alimentation. Cette analyse nous montre qu'en effet les
corps organisés, les plantes aussi bien que les animaux
ne sont que de l'air condensé avec une certaine proportion de matières minérales; en réunissant la composition
d'un grand nombre de plantes on trouve, par exemple,
que dans leur ensemble les 0,95 de leur substance solide sont composés des quatre gaz : carbone, hydrogène,
oxygène et azote, et que 0.05 consistent dans des sels
ou minéraux, savoir :

	Plante entière.	Racines.	Tiges.	Graines.
Carbone . . .	46.4	43.4	46.9	47.4
Hydrogène. . .	5.6	5.7	5.3	6.0
Oxygène. . . .	41.1	43.4	39.6	41.1
Azote. . . .	1.6	1.6	1.0	2.6
Cendres. . . .	5.3	5.9	7.2	2.9
TOTAUX. . .	100.0	100.0	100.0	100.0

Ces éléments ne sont pas également répartis dans toutes les parties du végétal, et diffèrent encore plus d'une espèce végétale à l'autre, même d'un individu à l'autre, selon les circonstances extérieures dans lesquelles il se trouve placé; on voit cependant d'une manière constante, la proportion de carbone augmenter, par rapport à celle de l'oxygène des racines dans les graines et des graines dans les tiges; l'azote est plus abondant dans les organes les plus jeunes, et semble se retirer de ceux dont la vie est moins énergique. Mais, à ces différences près, on retrouve toujours ces mêmes éléments dans les plantes.

21. On n'y trouve pas moins constamment, dans les matières fixes, des acides carbonique, sulfurique, phosphorique et du chlore, de la chaux, de la magnésie, de la potasse, de la soude, de la silice et du fer; dans plusieurs espèces de végétaux, du soufre, de l'acide nitrique.

22. Enfin, la première substance que nous avons dû commencer à dégager dans la plante pour effectuer ces analyses, c'est l'eau. On ne peut conserver une plante vivante privée d'humidité.

23. Eh bien! que prouvent ces analyses? Que toutes ces substances se trouvent dans les plantes? Cela n'est pas douteux. Mais démontreraient-elles aussi qu'elles leur sont toutes indispensables, que sans elles la végétation ne saurait avoir lieu? Non, sans doute, car toutes ces substances se trouvaient dans le sol où la plante végétait, et l'expérience a prouvé que les suçoirs des racines admettent toute substance dissoute dans l'eau, fût-elle même un poison.

24. Si l'on compare les cendres de deux sujets d'une même espèce qui ont crû dans des terrains de nature diverse, on trouve qu'elles diffèrent considérablement entre elles, de sorte qu'il est évident que la nature du terrain a une influence considérable sur celle des cendres, sans que toutefois la vitalité de la plante en paraisse affectée; et d'un autre côté, si l'on compare les cendres de deux végétaux d'espèces différentes crus sur le même terrain, on trouve que les cendres ont des rapports remarquables entre elles, pourvu que ces végétaux ne soient pas de genres trop séparés, car s'ils ont peu d'analogie botanique, les cendres se ressemblent moins. M. Berthier remarque à ce sujet, qu'il voit des arbres croissant dans des terrains argileux contenir beaucoup de chaux, tandis que les cendres de froment cultivé sur un sol calcaire n'en contiennent presque pas (1).

25. Ainsi l'analyse la plus exacte prouve seulement que les substances qu'elle découvre font partie du végétal analysé, mais sans démontrer qu'elles lui sont indispensables : elle manifeste sa tendance à s'emparer de préférence de telle ou telle de ces substances et d'en épuiser plus rapidement le sol. Sous ce rapport elle a un résultat pratique fort avantageux, en ce qu'elle indique la balance à établir dans les cultures pour ménager les différentes ressources du terrain. C'est d'après cette dernière considération que Liebig a divisé les plantes,

---

(1) *Mémoire de la Société d'Agriculture*, 1852, Analyse des cendres.

selon l'absorption prédominante qu'elles font des sucs
de la terre, en plantes à potasse, qui renferment en sels
alcalins solubles, plus de la moitié du poids de leurs
cendres, telles que le maïs, les navets, les betteraves,
les pommes de terre, le topinambour, etc. ; les plantes à
chaux où les sels calcaires prédominent, telles que le
tabac, les pois, le trèfle, etc. ; et les plantes à silice dont
les cendres contiennent beaucoup de silice, telle que
les pailles de graminées (1).

26. Mais le moyen le plus naturel de connaître les
véritables aliments de la plante, serait de consulter
l'expérience. En mettant en contact de ses organes
aériens ou radicellaires les substances dont on voudrait
connaître les propriétés alimentaires, ou en les en privant complétement, on pourrait constater les effets de
leur présence et de leur absence, sur la santé et le développement du végétal. Nous n'avons pas toujours ces
expériences directes, mais à défaut cherchons à leur
suppléer par les faits d'observation.

27. L'observation la plus vulgaire nous montre
d'abord que l'eau est un élément indispensable pour les
plantes. Elles périssent rapidement dans un milieu complétement sec, elles ne germent et ne s'accroissent que
sous l'influence de l'humidité.

28. Le carbone est un corps fixe, insoluble, qui, par
conséquent, ne peut être absorbé par les plantes dans
son état de pureté; mais combiné à l'oxygène et for-

---

(1) *Chimie végétale*, § 131.

mant de l'acide carbonique, il peut être absorbé par les racines, dissous dans l'eau, ou bien à l'état gazeux il peut être saisi par les stomates des feuilles.

29. Ruckert avait cru remarquer que des plantes arrosées avec de l'eau chargée du tiers de son volume d'acide carbonique, végétaient plus vigoureusement que celles arrosées d'eau pure; cette expérience ne réussit pas à Théodore de Saussure (1). Répétée par nous et par M. Lassaigne, elle a donné raison à l'un et à l'autre de ces auteurs, l'apparence extérieure de la végétation est plus belle dans les plantes arrosées d'eau chargée d'acide carbonique; mais son poids final est exactement le même que celui des plantes arrosées avec de l'eau pure.

30. Il en est autrement de l'acide carbonique mêlé à l'atmosphère. Des expériences de Théodore de Saussure (2) ont constaté que les plantes prospèrent constamment mieux dans un air qui contient jusqu'à $\frac{1}{12}$ de son volume d'acide carbonique, quand la végétation a lieu sous l'influence de la chaleur lumineuse, mais qu'à l'obscurité, la plus petite dose de ce gaz leur est nuisible.

31. Cette différence remarquable dans les effets de la lumière et de l'obscurité sur les effets de l'acide carbonique nous oblige à entrer dans quelques détails sur la respiration des plantes. Chez elles cette fonction ne diffère pas autant de la respiration animale qu'on avait

(1) *Recherches sur la végétation*, p. 28.
(2) *Ibid.*, p. 30 et suiv., 225.

paru le croire; les plantes respirent de l'oxygène qui
brûle le carbone du végétal, en l'exhalent sous forme
d'acide carbonique; c'est ce qui a lieu dans celles qui
sont dans l'obscurité.

32. Mais à la lumière, le gaz acide carbonique exhalé
disparaît, comme celui qui est naturellement mêlé à
l'air, et il ne reste que de l'oxygène; on pourrait donc
croire que, dans cette circonstance, le végétal inspirerait
de l'acide carbonique en exhalant de l'oxygène, à l'inverse de ce qui se passe à l'ombre.

33. C'est ce qui paraît être une illusion. D'abord les
parties vertes des végétaux pourvues de chlorophylle
sont les seules qui inspirent l'acide carbonique; quant à
celles qui en sont dépourvues, les fleurs, les tiges, les
racines, les graines en germination, les champignons,
les parasites, elles inspirent de l'oxygène et exhalent de
l'acide carbonique à la lumière comme à l'obscurité. Il
est aisé de s'assurer que tout se passe de la même manière dans les feuilles et les autres parties vertes, en
faisant végéter les plantes en vase clos, en présence
d'une surface d'eau de baryte. Ce liquide absorbe l'acide
carbonique à mesure qu'il est exhalé par la plante, et
l'on peut en doser la quantité ainsi que celle de l'oxygène disparu.

34. L'acte respiratoire continue ainsi pendant toute
la vie du végétal; mais quand il est frappé par la lumière et d'autant plus que la température est plus élevée, un autre acte, celui d'une absorption alimentaire, se
joint à celui de la respiration. Sous l'influence lumineuse
les stomates s'emparent de l'acide carbonique qui se

trouve en contact avec le chlorophylle, substance dont
la composition est très-semblable à celle du sang (1);
on peut croire que l'hématosine qui en fait partie, décompose l'eau en produisant de l'hydrogène, réduit
l'acide carbonique, s'empare d'une portion de l'oxygène et livre le carbone à des réactions qui produisent la grande quantité de graisse qui se trouve dans
la chlorophylle et à la surface des feuilles. C'est ainsi
que peut s'expliquer le phénomène. La prédominance
de l'action nutritive réductive sur l'action respiratoire quand elle se fait sous l'impression de la lumière,
fait disparaître l'acide carbonique, augmente le volume
relatif de l'oxygène et semble avoir interverti les fonctions du végétal.

35. La faible dose d'acide carbonique que renferme
naturellement l'air est accrue autour de la plante, par
celui qui résulte de la combustion du carbone par l'oxygène dans l'acte respiratoire, et par celui qui est puisé
dans le sol par les racines, et qui est exhalé par l'acte
de l'évaporation.

36. Les parties de végétal pauvres en chlorophylle,
ou qui en sont dépourvues, ne peuvent végéter dans
une atmosphère privée d'oxygène. Les graines n'y germent pas; les bourgeons des tiges non feuillées, les
boutons de fleurs détachés de la tige ne s'ouvrent pas,
et entrent en putréfaction; il en est de même des racines qui plongent dans une eau croupissante, où

---

(1) Verdeil, *Compte rendu de l'Académie des Sciences,* t. xxxiii, p. 689.

une espèce de fermentation consomme tout l'oxygène dissous. Cependant tous ces phénomènes ont lieu en présence de l'air atmosphérique (1) ; c'est que la privation d'oxygène asphyxie les plantes comme les animaux.

Les végétaux munis de feuilles vivent dans le gaz azote, l'hydrogène, l'oxyde de carbone ; mais c'est en se formant, par la réduction de leur acide carbonique, une atmosphère d'oxygène qui suffise à leur respiration. Cependant ils n'y ont jamais qu'une végétation languissante et peu prolongée (2).

37. C'est sans doute à l'inhalation de l'oxygène que l'on peut attribuer la formation des acides végétaux. Liebig remarque que les feuilles du *cotyledon calycinum*, du *cacalia ficoïdes*, et d'autres plantes encore qui, le matin, sont acides comme l'oseille, sont sans acidité à midi, et sont amères le soir. Il s'opère une oxygénation pendant la nuit, tandis que le jour, et surtout vers le soir, il s'établit une désoxygénation ; l'acide se transforme alors en matières qui renferment l'hydrogène et l'oxygène dans la même proportion que dans l'eau, ou bien une proportion encore moindre d'oxygène, ce qui produit les matières insapides et amères de la plante (3).

38. Tels paraissent être les effets directs de l'oxygène dans la nutrition des plantes ; mais si l'on songe que la

---

(1) Saussure, p. 195 et 80.
(2) Saussure, p. 197 et 209.
(3) Liebig, *Chimie végétale*, p. 33.

fermentation ne s'accomplit que par son moyen, et que c'est principalement par elle que les matières organiques peuvent devenir solubles, et par conséquent alimentaires pour les végétaux, on comprendra combien la présence de l'oxygène est essentielle pour la vie des plantes, combien il est important aussi que ce gaz circule autour d'elles ou de leurs racines, pour qu'après avoir commencé à former de l'acide carbonique, il puisse le chasser, le remplacer, et continuer une action que la présence de cet acide arrêterait.

39. L'hydrogène est partie intégrante de tous les organes végétaux ; mais les plantes ne l'inspirent pas, et c'est sans doute par la décomposition de l'eau qu'il parvient dans le végétal. Une expérience d'Edwards et Colins indique que cette décomposition est l'effet d'un acte végétal. Ils faisaient subir un commencement de germination à des fèves placées sous l'eau et, recueillant les gaz, ils trouvaient que l'acide carbonique s'y rencontrait en un volume huit fois plus fort que la petite quantité de cet acide mêlé à l'eau. L'oxygène qui avait servi à le former avait donc été produit par la décomposition de l'eau, et comme l'hydrogène ne se retrouvait pas dans le gaz recueilli, il fallait donc qu'il eût été absorbé par la graine.

40. Il y a peu d'années encore, on regardait la présence de l'azote comme spéciale à la composition des tissus animaux, et devant les distinguer des matières végétales. Les dégagements de matières ammoniacales que l'on observait en brûlant les plantes, passaient pour des exceptions propres à certaines espèces. Les

champignons, par exemple, étaient considérés comme
étant sur la limite du règne animal ; leur respiration,
analogue à celle de ce règne, et ne présentant pas la
prétendue anomalie que la chlorophylle produit dans
les plantes qui en sont pourvues, ajoutait encore à ce
rapprochement. Mais lorsque Gay-Lussac (1) eut montré que toutes les semences contenaient de l'azote,
et quand, poursuivant ces recherches dans les autres
organes, M. Payen en eut trouvé dans tous, sans exception, et d'autant plus abondamment que les tissus
étaient plus jeunes et doués d'une plus grande énergie
vitale (2), il fallut bien reconnaître que l'azote était un
élément essentiel à la composition des végétaux.

41. Nous croyons à la physiologie générale ; en
voyant que les animaux n'assimilent pas l'azote à l'état
gazeux, nous avons un grand penchant à admettre que
les végétaux ne l'assimilent pas non plus.

Priestley, puis Ingenhousz, avaient cru reconnaître
que les plantes qui végétaient dans le gaz azote lui faisaient subir une diminution. De Saussure, répétant cette
expérience avec les mêmes procédés, et en la prolon-
geant beaucoup plus, ne reconnut que la soustraction
du gaz oxygène de l'air, sans apercevoir aucune diminution dans le gaz azote (3). Les expériences de
Senebier et de Woodhouse confirmèrent cette asser-
tion.

---

(1) *Annales de Chimie*, t. LIII, p. 110.
(2) *Mémoire des savants étrangers*, t. VIII, p. 163 et suiv.
(3) *Recherches sur la végétation*, p. 205.

3.

M. Boussingault entreprit une série d'expériences où, comparant la composition des graines avec celle des plantes récoltées dans une terre complétement privée de matières organiques, mais à l'air libre, il trouva une augmentation dans le poids de l'azote des plantes sur celui des semences, excepté pour celles de la famille des graminées. Mais il se garda de se prononcer d'une manière absolue sur l'absorption directe de l'azote gazeux, et il fit remarquer qu'on pourrait aussi attribuer cet azote en excès à l'ammoniaque contenue dans l'air ou à une formation d'ammoniaque provenant de l'action de l'hydrogène à l'état naissant sur l'azote libre (1). Dans ces derniers temps, reprenant ces expériences dans des récipients fermés, il a constaté, par de nombreux résultats, que toujours la quantité d'azote de la plante était inférieure à celle de la graine et qu'ainsi elle n'absorbe aucune partie de celle de l'atmosphère (2).

En vain dirait-on que, dans un air confiné et saturé d'humidité, la plante ne végète pas d'une manière normale ; sa végétation, pour être affaiblie, ne pourra pas perdre complétement et dans tous les cas sa faculté d'absorption et d'assimilation pour un des éléments de son atmosphère, et tandis qu'elle continuerait à inspirer de l'oxygène, elle ne pourrait se trouver privée tout à coup et entièrement de la faculté d'absorber

---

(1) *Économie rurale*, t. 1, p. 67 et suiv.
(2) *Comptes rendus*, mars 1854, p. 580.

l'azote, si cette absorption était une nécessité de son existence.

42. Il en est tout autrement si l'on met des gaz ammoniacaux à la portée des plantes. L'effet des fumiers est connu depuis longtemps ; l'on sait qu'ils sont d'autant plus favorables à la végétation qu'ils contiennent plus d'ammoniaque, et ce fait semblerait suffisant pour établir le rôle important de cette substance dans la nutrition des plantes ; mais comme on pourrait attribuer ces effets au carbone, aux sels, aux substances diverses que contiennent les engrais, il était bon d'en avoir une démonstration plus directe. Davy, ayant constaté que la fermentation du fumier produit une vapeur qui contient de l'acétate et du carbonate d'ammoniaque, la fit passer sous un gazon sur lequel la végétation se développa avec beaucoup plus de vigueur que sur les parties qui n'étaient pas sous cette influence ; ensuite M. Ville, mêlant à l'atmosphère des plantes des vapeurs ammoniacales, à la dose de $\frac{4}{10000}$, a plus que doublé la production en paille et en grain, ainsi que la richesse en azote de leur composition ; à une dose plus forte d'ammoniaque, on risque de détruire la plante (**1**). Il est donc impossible de douter que l'ammoniaque ne soit un des aliments les plus utiles aux végétaux.

43. De Saussure avait reconnu le premier que le sulfate d'alumine se convertissait en alun ammoniacal au contact de l'air ; Vauquelin avait observé que la

---

(1) *Comptes rendus,* t. xxxv, p. 650.

rouille de fer qui se formait dans les habitations contenait de l'ammoniaque; puis Austin annonça qu'il y avait
formation d'ammoniaque lors de l'oxydation du fer au
contact de l'eau et de l'air atmosphérique, et Chevalier montra que cette ammoniaque n'était pas emprun-
tée à l'air, mais se formait de toutes pièces lors de
cette oxydation (1). Or, dans l'acte d'absorption de l'air
effectuée par les stomates des feuilles en présence de la
lumière solaire, nous avons dit [34] que peut-être l'he-
matosine, substance dont le fer est un des composants,
décomposait l'eau et produisait de l'hydrogène à l'état
naissant; celui-ci devrait, comme dans tous les cas de
l'oxygénation du fer, produire de l'ammoniaque, qui,
absorbée à son tour, pourrait contribuer à la nutrition
de la plante. Cette nutrition serait d'autant plus active,
que la plante serait plus verte et que, par conséquent,
la chlorophylle serait plus abondante. De plus, de pa-
reilles oxydations auraient lieu à la surface du sol qui
contient de l'oxyde de fer, ou du terreau en état de
fermentation, circonstances qui toutes doivent aussi
produire de l'ammoniaque.

44. Ce n'est pas seulement sous forme d'ammoniaque
que l'azote est introduit avec avantage dans les plantes,
mais aussi sous forme d'azotates. En comparant les
effets de ces sels à ceux des sels ammoniacaux, M. Kuhlmann a montré qu'ils agissent, relativement à ces derniers, dans une proportion plus grande que celle de

---

(1) *Annales de Chimie*, t. XXXIV, p. 109.

leur azote respectif, et que cette action a lieu par le moyen de la décomposition de l'acide azotique, dont l'azote forme de l'ammoniaque en s'unissant avec l'hydrogène naissant, comme cela arrive, par exemple, dans le cas de la fermentation putride ; et si l'on considère ensuite quelle est la volatilité des sels ammoniacaux, et que l'ammoniaque provenant des azotates ne se forme que graduellement et peut être absorbé à mesure par les plantes, on comprendra que l'effet des azotates soit plus grand que celui des carbonates d'ammoniaque relativement à leur azote respectif (1). M. Kuhlmann a montré aussi comment l'ammoniaque de l'air pouvait être convertie en nitrate (2).

45. Les oufre entre comme partie constituante dans la composition des plantes, d'abord sous forme de sulfate, comme on peut s'en assurer en traitant par la baryte leurs sucs, leur séve, et l'eau où on les fait macérer. De plus, il est aussi partie constituante des modifications de la protéine connues sous le nom d'albumine, de caséine, de légumine, de gluten, jusqu'à la dose de 1 équivalent par 25 équivalents d'azote (3). Il se manifeste lors de la putréfaction par la production de gaz hydrogène sulfuré. Ces corps protéiques se trouvent dans les divers organes des végétaux, et d'autant plus abondamment que ces organes ont plus de vigueur, plus de jeunesse, qu'ils sont plus en voie de

---

(1) Kuhlmann, *Expériences*, p. 45.
(2) *Ibid.*, p. 5 et suiv.
(3) Liebig, *Chimie agricole*, p. 88.

développement. Le rôle physiologique du soufre paraît tellement marqué qu'on pourrait presque en conclure déjà que le soufre est un élément nécessaire au végétal.

46. On trouve aussi des sulfates dans les fluides qui circulent dans les plantes, et dans les parties qui constituent leur squelette, et qui lui donnent leur forme et leur solidité sans participer à leur vie active. On ne pourrait pas déduire de ce dernier fait que les sulfates fussent indispensables, car on conçoit qu'ils pourraient être suppléés par tout autre sel susceptible de produire la solidité qu'ils communiquent au végétal.

47. Enfin, certaines plantes contiennent une huile essentielle, abondante en soufre ; tels sont un grand nombre de crucifères : la moutarde noire, le cochléaria, le cresson, le raifort ; puis les plantes alliacées et beaucoup d'autres. Comme ces huiles sont en plus ou moins grande quantité selon le climat et le sol où ces plantes sont cultivées, on pourrait dire encore que leur présence n'importe pas absolument à la vie végétale, qu'elles peuvent être considérées comme une excrétion, dont les plantes seraient dispensées, si elles n'avaient pas de soufre à absorber.

48. C'est donc seulement par des expériences directes que nous pouvons être conduits à reconnaître l'utilité du soufre dans l'alimentation végétale. Or, voici ce que les faits nous apprennent : Si l'on répand une dose

---

(1) Kuhlmann, *Expériences*, p. 45.
(2) *Ibid.*, p. 21 et 103.

assez faible de plâtre pulvérisé (**2** à **300** kilog.) sur un hectare de luzerne, de trèfle, de sainfoin, les plantes prennent dans certains cas un développement double; les feuilles sont plus nombreuses, plus larges, d'un vert plus foncé; les racines participent à cet accroissement des autres organes.

49. Les deux circonstances principales qui assurent l'effet du plâtre ou sulfate de chaux sont d'abord sa spécialité pour certaines plantes. Tandis que la plupart des légumineuses, et d'autres végétaux tels que le chou, le colza, la navette, le chanvre, le lin, le sarrasin, le maïs, en ressentent une sensible amélioration, et que cette liste est sans doute bornée faute d'avoir expérimenté sur d'autres plantes, le plâtre ne produit aucun effet sur les graminées.

50. La seconde circonstance caractéristique, c'est que le plâtre n'agit pas sur tous les terrains. On avait cru d'abord qu'il n'était applicable qu'à ceux qui manquaient de calcaires, et qu'ainsi il pouvait n'agir qu'en fournissant graduellement et avec mesure cette substance aux plantes; mais alors son effet se serait manifesté sur toutes les espèces végétales qui éprouvent une amélioration marquée de l'application de la marne et de la chaux, et l'on sait que les graminées sont de ce nombre; ensuite, il y a longtemps que l'on a montré que le plâtre agissait très-bien sur les terrains calcaires (1) et que nous avons prouvé nous-même qu'il opérait très-bien sur des terres qui contiennent 20 p. 100 et

(1) Arthur Young, t. xvi, p. 387 ; Rieffel, *Agr. de l'Ouest*, t. iii, p. 18.

plus de chaux (*Cours d'Agr.*, t. I, p. 89). Mais, jusqu'à présent, les terrains sur lesquels le plâtre était utile et dont nous avons examiné un grand nombre, ont toujours manqué de sulfate. Ce n'est donc pas par l'élément calcaire qu'il agit sur la végétation.

51. On cessera d'en douter, quand on saura que M. Isidore Pierre a obtenu les mêmes résultats du sulfate de chaux, du sulfate de soude et de celui d'ammoniaque (1). Nous conclurons donc, avec H. Davy, que le plâtre agit par son soufre qui, au moins pour certaines plantes, est un aliment utile, sinon nécessaire.

52. En outre, le plâtre a l'avantage de fixer l'ammoniaque sous une forme moins volatile. Il se convertit en partie en sulfate d'ammoniaque et en carbonate de chaux dans les terrains humides, et il devient effervescent avec les acides, peu de temps après avoir été répandu sur le sol, en recueillant l'ammoniaque soit des carbonates qui s'évaporent du terreau et des fumiers, soit aussi de ceux qui sont répandus de l'atmosphère.

53. Ainsi que le soufre, le phosphore combiné avec la protéine concourt à former les substances albuminoïdes [45]. L'acide phosphorique, associé à différentes bases, fait partie de plusieurs organes des plantes et se trouve entre autres dans toutes les graines; son absence dans le sol se fait sentir sur tous les végétaux. On assure avoir observé que les prairies consacrées depuis

---

(1) *Annales agronomiques*, t. 1, p. 604.

longtemps aux vaches laitières, et qui sont dépouillées
de cet élément par l'exportation de leur lait, qui en contient beaucoup, s'appauvrissent graduellement, finissent
par devenir stériles, et qu'on leur rend la fertilité par
l'application de poudre d'os, de cendres et de tout autre
engrais contenant des phosphates, tandis que les engrais
purement azotés n'y produisent pas d'effet. Ce fait,
attesté par des hommes sérieux, n'a pas encore été
observé scientifiquement, et ne peut pas être donné
comme une preuve suffisante ; non plus que l'opinion
où était H. Davy, que le sol de la Sicile ne produisait
plus les mêmes récoltes de blés citées par les anciens, à
cause de l'exportation constante de ces grains très-
riches en phosphates.

54. Mais des expériences directes mettent hors de
doute l'utilité des composés phosphoriques dans les végétaux. M. Lassaigne a montré que le sous-phosphate
de chaux dissous dans de l'eau saturée d'acide carbonique, qui en prend les 0.00075 de son poids, donnait aux
plantes de blé qui en étaient arrosées une verdure plus
intense, plus vigoureuse ; leur hauteur était à celle
des plantes arrosées par les eaux saturées du même acide
sans phosphate dans la proportion de 100 à 70, et les
poids à l'état sec étaient comme 193 : 153 (1). Il a montré aussi qu'un litre d'eau tenant en dissolution $\frac{1}{11}$ de
sel marin, peut dissoudre 0.333 de sous-phosphate de
chaux ; l'action dissolvante du chlorhydrate d'ammo-

---

(1) *Comptes rendus de l'Académie des Sciences*, t. XXVIII, p. 73.

niaque est encore plus grande que celle du chlorure
de sodium (1). De nombreuses expériences faites en
grand avec les substances qui contenaient du phosphate de chaux, telles que les os, les cendres, le noir
animal, etc., ont mis hors de doute l'importance de
cette substance, et la nécessité de son application aux
terrains qui n'en contiennent pas naturellement. En
général, les phosphates calcaires accompagnent le carbonate de chaux dans les terres.

55. Les cendres des végétaux contiennent presque
toujours des chlorures; mais toujours en quantité inférieure à celle des autres sels, même dans les plantes
dont la nature est de croître sur les terrains salés; et
quand les plantes salifères sont cultivées sur des terrains qui ne contiennent pas de sel marin, elles n'en ont
pas une dose plus considérable que les autres plantes
et ne paraissent pas en souffrir, pourvu que les autres
sels à base alcaline ne leur manquent pas. Cette espèce
d'indifférence des végétaux sur la nature de certains
sels, ce niveau des chlorures montant ou baissant, aussi
considérablement dans la même espèce végétale, sans
que sa végétation paraisse en être affectée, semble nous
refuser tout moyen de savoir si le chlore, en si petite
quantité qu'on le veuille, est essentiel à la nourriture
des plantes. Une expérience, qui malheureusement n'a
pas été assez suivie et répétée, nous ferait pencher pour la
négative. On a soumis des plantes semées dans un ter-

---

(1) *Journal de Chimie médicale*, t. IV, 3e livr., p. 399.

rain calcaire à des arrosements d'eau pure d'un côté, de l'autre, d'eau additionnée de chlorure de calcium et enfin d'un autre côté encore, d'eau avec du chlorure de sodium (sel marin). On n'a remarqué aucune différence entre les deux premiers lots, le troisième a manifesté une couleur verte plus foncée, les plantes sont restées plus trapues, effet bien connu du sel marin. Ce serait donc la soude qui agirait en pareil cas et non le chlore.

56. On ne pouvait pas signaler la présence de l'iode dans l'air ou dans les eaux, sans le trouver aussi dans les plantes, c'est bien ce qu'a fait M. Chatin. Mais il y a tant de variations entre les quantités trouvées dans la même espèce, que l'on ne peut y voir jusqu'à présent qu'une substance soluble absorbée, en cette qualité, par les plantes et n'ayant aucun effet sensible sur elles.

57. La silice, le plus souvent combinée avec un alcali, est déposée à la surface des feuilles et des tiges, à mesure de l'évaporation qu'y éprouve la séve. Si on lave la plante, surtout après quelques jours de sécheresse, on précipite au moyen d'un acide, de la silice gélatineuse de la solution. Les pluies en dissolvant cette incrustation des feuilles, en débarrassent leurs pores et produisent un effet bien plus sûr que l'irrigation seule, qui n'atteint que le bas des tiges. Les horticulteurs y suppléent en faisant tomber l'eau en gouttelettes sur les feuilles (le *bassinage*). Il semblerait donc que la silice, transportée par la séve et si promptement excrétée, comme si le végétal cherchait à se débarrasser d'un

corps nuisible, ne devrait pas être considérée comme un véritable aliment pour les plantes.

58. Cette conclusion serait hasardée. Outre les silicates excédants, qui sont ainsi entraînés au dehors par l'évaporation, une autre partie d'entre eux remplit une fonction physiologique réellement importante, en entrant dans la composition de l'épiderme des plantes; celui de plusieurs espèces paraît même en être constitué presque en entier; tel est ce tissu solide et brillant qui assure la solidité des graminées. La silice entre pour les $\frac{90}{100}$ dans les cendres de la tige du bambou, pour les $\frac{43}{100}$ dans celle du froment, les $\frac{63}{100}$ de celle du seigle, les $\frac{69}{100}$ de celle de l'orge (*Cours d'Agriculture*, t. I, p. 62), et quand la silice manque à ces plantes, leurs tiges restent molles, soutiennent mal l'épi et versent à l'époque de la fructification, surtout dans les espèces et les variétés de céréales dont le ligneux n'est pas abondant et épais. Cette propriété de la silice de former comme la cuirasse des graminées, plantes si utiles et si généralement cultivées, lui assigne donc un rôle important dans leur alimentation.

59. Cette induction physiologique semble avoir été confirmée par l'expérience. Deux touffes de blé ont été placées sous une vaste cloche, dans un sol entièrement composé de carbonate de chaux, débris de marbre pulvérisé, et ne contenant pas trace de silice, auquel on a ajouté 0.0002 de son poids de nitrate de soude. La première touffe a été arrosée avec de l'eau distillée, la seconde avec l'eau distillée dans laquelle on avait placé du sablon, et qui était aiguisée par deux millièmes de son

poids de potasse. Les tiges de la première ont été constamment faibles et inclinées, tandis que celles de la seconde se maintenaient droites et fermes. Les cendres de la première ont donné quelques traces de silice provenant probablement des semences, celles de la seconde ont donné une quantité sensible de silice. Cette expérience devrait être renouvelée plus en grand, de manière à obtenir des quantités de résidus plus susceptibles d'être appréciés par la balance.

60. En terminant la série des corps qui jouent le rôle d'acides, et avant de commencer celle des corps qui agissent comme bases dans leurs combinaisons, nous devons dire quelques mots d'une hypothèse sur laquelle Liebig a voulu fonder toute une théorie de physiologie végétale. On sait que la séve qui, dans une jeune plante dépourvue de feuilles, ne contient aucun acide végétal, quand elle s'oxygène dans l'acte de la respiration, modifie les matières analogues au sucre et aux gommes qu'elle contient, et les transforme en partie en acides végétaux.

61. Ces acides différents, selon les diverses espèces de plantes, se trouvent le plus souvent combinés avec les bases : la potasse, la soude, l'ammoniaque, la chaux, la magnésie, etc. ; plus rarement on les trouve à l'état libre dans les fruits avant leur maturité. C'est ainsi que l'on rencontre de l'acide malique libre et combiné dans les fruits à pepin; de l'acide citrique dans ceux des aurantiacées et des groseilles; de l'acide tartrique dans les raisins; de l'acide tannique dans les feuilles et les écorces du chêne, de l'ormeau, du su-

reau, de la bruyère, etc.; de l'acide oxalique dans les
feuilles des oxalidées, des *rumex,* des lichens, etc. Par
la combustion, tous ces acides se changent en acide
carbonique, et c'est ainsi modifiés qu'on les trouve dans
les cendres.

62. Ces faits posés, Liebig dit que si la vie des
plantes est liée à la présence de ces acides, il est probable qu'en se développant librement, chaque végétal
doit produire une quantité fixe des acides particuliers
qui lui sont nécessaires, et qui doivent trouver une
quantité de bases adaptée à leur capacité de saturation; mais toutes les bases peuvent se remplacer l'une
l'autre, dans des proportions différentes pour chacune
d'elles. Ainsi l'on doit trouver, dans les mêmes plantes,
ou dans la même espèce, des bases dont la somme des
facultés de saturation, déterminée par celle de leur
oxygène, soit toujours la même, quoiqu'elles varient
selon qu'elles sont fournies plus ou moins abondamment
par le sol. C'est ainsi qu'il sera indifférent que la plante
reçoive 118 de potasse ou 78 de soude, ou 70 de
chaux, ou 52 de magnésie, parce que ces doses de
chacune de ces bases contiennent également 20 parties
d'oxygène.

63. En examinant les cendres de deux espèces de
pins crus sur des sols de nature différente, M. de Saussure trouvait que le premier fournissait 11.87, et le second 11.28 de cendres par 1,000 parties, et leur composition était la suivante :

PIN DU BREVEN.

		Oxygène des bases.
Carbonate de potasse. . .	3.60	0.41
— de chaux. . . .	46.34	7.33
— de magnésie. . .	6.77	1.27
	56.71	9.01

PIN DE LASALLE.

Carbonate de potasse. . .	7.36	0.85
— de chaux. . . .	51.19	8.10
	58.55	8.95

Ainsi ces deux pins, avec des bases différentes, possèdent cependant la même faculté de saturation.

A ces deux exemples nous en opposons deux autres d'après les analyses de M. Berthier :

PIN DE NEMOURS.

Sels alcalins	0.0720	1.20
Chaux.	0.6847	10.84
Magnésie.	0.0643	1.20
	0.8210	13.24

PIN DE BORDEAUX, CULTIVÉ A NEMOURS.

Carbonate alcalin. . . .	0.0771	0.98
Chaux..	0.6582	10.43
Magnésie.	0.0696	1.30
	0.8049	12.71

Voilà deux pins de variétés différentes, cultivés dans le même sol, et dont les éléments ont des facultés de saturation qui diffèrent entre elles et avec ceux des pins cités plus haut, comme exemples de l'égalité du pouvoir de saturation des bases mesuré par leur oxygène.

64. S'il suffisait d'établir la présence constante des alcalis minéraux dans les cendres végétales et de prouver leur utilité physiologique pour les classer parmi les aliments des plantes, la tâche serait facile. Ainsi, d'abord, on trouve toujours la soude et la potasse dans les analyses des cendres, et souvent en quantité notable.

65. Quant aux effets physiologiques de ces alcalis, ils sont de plusieurs genres. Ainsi, les alcalis minéraux maintiennent la fluidité de la séve; ils agissent sur elle comme sur le sang, dont une addition d'alcali empêche la coagulation; c'est par leur moyen que le fer peut devenir soluble et entrer dans la composition de la séve; ils favorisent l'oxygénation des tissus et des fluides des plantes au contact de l'air atmosphérique. L'endosmose étant une des causes les plus actives de la circulation de la séve, on conçoit la nécessité de bases solubles qui donnent au liquide différents degrés de fluidité. Après l'évaporation, il se fait des dépôts des matériaux de la séve à la surface des feuilles, et il importe qu'ils soient composés de bases qui conservent leur solubilité après la dessiccation, et que, par exemple, il se dépose du silicate de potasse, au lieu d'acide silicique, et que les dépôts de carbonate de chaux soient mêlés de dépôts de carbonate de potasse et de soude, qui les empêchent de faire corps et d'adhérer. Enfin les alcalis provoquent le dégagement de l'ammoniaque contenue dans les ma-

tières organiques du sol et des engrais, et qui resterait
latente sans cette réaction des alcalis.

66. Liebig cherche à prouver l'utilité des alcalis dans
la végétation, par une observation qui, si elle était plus
générale, pourrait passer pour une démonstration.
Quand on fait végéter la pomme de terre dans une cave,
elle produit un alcaloïde (la solanine) qui semble avoir
pour fonction de suppléer les alcalis que la plante ne
peut trouver dans le sol. Les alcaloïdes du quinquina
sont en raison inverse des bases minérales de ces plantes, comme cela devrait être, en effet, si les diverses
bases se suppléaient selon leur équivalent.

67. Mais comme toutes ces inductions ne sont pas
des faits qui manifestent d'une manière claire et décisive
l'action des alcalis; voyons si ceux de la végétation ne
nous approcheront pas davantage du but. On observe
que les feldspaths, les granits et les basaltes décomposés
et lavés par les eaux, forment des terrains privés d'alcalis
où le silicate de potasse est changé en silicate d'alumine
(Berthier); or ces terrains sont stériles, tandis que décomposés sur place et sans avoir subi de lavage, ils conservent leurs alcalis et donnent naissance à des gazons
très-verts. Dans les cendres volcaniques du Vésuve
(rapilli) qui ne contiennent pas de matières organiques,
mais jusqu'à 12 pour 100 de potasse, et 6 à 5 pour 100
de soude, se trouvent des végétaux dont les produits
sont réputés par leur qualité. M. Persoz a reconnu l'u-
tilité des sels potassiques appliqués à la vigne. Liebig
rapporte que les engrais riches ne réussissant plus sur
les vignes des bords du Rhin, elles avaient repris leur

4.

fertilité par l'emploi du fumier de vache, pauvre en ammoniaque et en phosphate, mais qui conserve tout l'alcali de la nourriture de ces animaux (1). Dans les pays où se trouvent des grès pauvres en alcalis, on recherche avec empressement les cendres non lessivées qui rendent la fertilité aux champs épuisés (les Vosges). Enfin l'écobuage semble avoir pour principal effet de disposer les argiles à la décomposition, et de rendre solubles leurs sels alcalins.

68. Ces faits tendent sans doute à montrer l'utilité des alcalis dans la végétation, mais nous en convenons, ils ne peuvent tenir lieu d'une expérience directe, faite dans des conditions où il serait possible d'isoler les effets des alcalis de ceux de toute autre substance.

69. Quoique la potasse semble remplacer la soude dans certains cas, comme, par exemple, celui du *salsola tragus* cultivé loin de la mer, cependant on remarque que même dans les terrains très-imprégnés de sel, la potasse se trouve encore dans les plantes en quantité supérieure à celle de la soude, pourvu que l'on ait soin de les laver avant l'incinération pour les dépouiller du sel excrété. Dans une analyse de luzerne recueillie dans des terres très-salées, M. Berthier a trouvé en abondance des sels de potasse et de quantités minimes de sels de soude. Les plantes à feuilles succulentes font cependant exception ; mais dans toutes, la supériorité de la potasse existe dans les graines. On

---

(1) *Chimie agricole,* p. 108.

pensera donc que les deux alcalis n'ont pas les mêmes usages physiologiques, et ne peuvent pas toujours se remplacer l'un l'autre.

70. M. Chatin, ayant essayé les effets des sels alcalins sur différents végétaux, a trouvé que le phosphate et le carbonate de potasse ont été favorables; mais que le carbonate de soude a été très-nuisible aux haricots; que le carbonate et le nitrate de potasse ont été favorables aux épinards, mais que les sels à base de soude leur ont nui; en un mot, que, dans le plus grand nombre de cas, les sels de potasse ont été favorables et ceux de soude nuisibles (1).

71. On a souvent tenté de déterminer les effets du sel marin (chlorure de sodium) sur la végétation; ces expériences n'ont donné que des résultats douteux ou négatifs. On a cru s'apercevoir que les plantes qui croissaient sur un terrain salifère, sont plus trapues, plus fermes, plus vertes; mais nous avons une expérience en grand qui doit suffire pour nous éclairer: il existe sur les bords de la Méditerranée de vastes terrains fortement imprégnés de sel marin, et ces terrains sont cultivés. Si nous mettons de côté les obstacles qu'ils opposent à la culture par leur dessèchement précoce, leur durcissement, nous trouvons que ces terres produisent des récoltes tout à fait comparables à celles des terres non salées de même nature, et qu'en supposant les frais égaux de part et d'autre, les unes valent

---

(1) *Comptes rendus de l'Académie*, février 1854, p. 271.

les autres, et même que les engrais font un et.et plus
grand sur les récoltes des terres salifères.

72. Les sels alcalins ne manquent presque jamais
complétement aux terrains. Il n'en est pas de même de
la chaux ; et quand on ne l'y trouve pas, on obtient des
effets si considérables de l'application de la marne et
de la chaux hydratée, qu'il est impossible de douter
de la nécessité de l'élément calcaire dans la nutrition
végétale. En même temps que les plantes acides disparaissent, le champ double ses récoltes en céréales,
devient capable de porter du froment au lieu de seigle,
et de donner des fourrages légumineux.

73. Outre l'effet direct que produit la chaux hydratée en fournissant aux plantes l'élément calcaire qui
leur manque, elle agit aussi sur les défrichements et les
déboisements qui produisent beaucoup d'acide carbonique dont l'excès est nuisible aux plantes, en absorbant cet acide au moment de sa production. Quand on
l'applique à des terrains feldspathiques, argileux, mar-
neux, riches en silicate alcalin, elle les dispose à aban-
donner leurs alcalis à la végétation ; enfin, M. Payen a
montré que cette substance avait la propriété de modérer la déperdition du gaz ammoniacal que produisent
les engrais en fermentant.

74. De Saussure a fait voir (1) que la magnésie rem-
plaçait la chaux dans les cendres des plantes, quand cette
dernière substance manquait aux terrains ; mais il paraît

_____

(1) *Journal de Physique,* 1800, t. II.

que la chaux ne peut pas remplacer toujours la magnésie, car on trouve celle-ci, sans exception, dans toutes
les semences des plantes. Il est vrai que c'est alors en
quantité si petite qu'elle peut leur être fournie par les
eaux pluviales, et même par des traces existant dans
le sol, si minimes, qu'elles échappent à l'analyse quand
on ne les cherche pas spécialement. On n'a point fait
d'expérience directe sur les effets d'une addition de magnésie dans un terrain qui en était dépourvu, car celle de
M. Boussingault, qui constate les bons résultats du phosphate ammoniaco-magnésien, ne permet pas de discer-
ner ce qui revient dans les effets de ce composé à
chacune de ces substances, qui, toutes les trois, se retrouvent dans les semences.

75. Le rôle du fer dans la végétation paraît être plus
important que ne semblerait l'annoncer la faible dose
qu'en contiennent les plantes. On sait que leur degré de
santé peut, pour ainsi dire, être mesuré par le degré de
coloration de leurs feuilles : or, la chlorophylle qui
donne cette coloration verte est une substance composée de matières grasses et de fer, tout comme les
globules du sang (1), et quand la chlorophylle manque
dans la plante, les expériences de Gris nous apprennent
qu'il suffit d'appliquer une faible solution de sulfate de
fer sur les feuilles, pour que la chlorophylle s'organise
et prenne une couleur verte remarquable (2). Le sulfate

(1) Verdeil, *Comptes rendus*, t. XXXIII, p. 689.
(2) Brongniart, *Rapport. Revue agricole*, décembre 1847, p. 696.

de fer est pourtant un véritable poison pour les plantes quand il est absorbé par les racines, aussi sa présence est nuisible dans les sols siliceux. Dans ceux qui sont calcaires, il se forme du carbonate de fer qui devient propre à être absorbé sans danger (1).

76. Les terrains qui contiennent une dose modérée d'oxyde de fer ont une teinte rougeâtre qui les fait regarder comme préférables aux terres blanches. Cependant on ne peut regarder cette préférence comme un argument en faveur des qualités nutritives du fer. Les qualités de ces terres peuvent tenir à leur coloration qui absorbe les rayons calorifiques lumineux, et élève leur température, et aussi à la propriété des oxydes de fer de fixer l'ammoniaque de l'atmosphère.

77. Quand le sol contient du manganèse, on en rencontre dans les cendres des plantes; mais la rareté du fait semble montrer que ce minéral n'est pas essentiel à la végétation.

78. L'alumine se trouve rarement, et, par exception, dans certaines plantes, quoique le terrain en contienne beaucoup sous forme de silicate. Ceci s'explique aisément en considérant que les sels d'alumine solubles sont décomposés en présence des carbonates terreux et alcalins, et laissent un résidu insoluble.

79. Ainsi l'expérience nous a prouvé jusqu'ici l'utilité des substances suivantes dans l'alimentation des plantes : 1° l'eau, 2° le carbone, 3° l'oxygène, 4° l'a-

(1) Lassaigne, *Comptes rendus*, t. XXXIV, p. 587.

zote. Nous avons trouvé ensuite que la végétation était favorisée habituellement dans certains cas par ces autres substances : 5° le soufre, 6° le phosphore, 7° la chaux, 8° le fer. Enfin des raisons physiologiques, non encore suffisamment confirmées par des expériences directes, nous portent à considérer comme nécessaires : 9° le chlore, 10° les alcalis minéraux, 11° la magnésie, 12° la silice. Dans ces corps ou leurs composés, nous devons reconnaître les éléments des matériaux nécessaires à la végétation qui languit quand ils lui manquent. De nouvelles expériences bien dirigées pourraient seules nous porter à admettre définitivement tous les termes de cette série, et peut-être à en admettre de nouveaux.

80. Ces expériences pourront être faites en privant le sol où végètent les plantes d'une ou plusieurs de ces substances, ou en lui fournissant celles qui lui manquent, et observant les effets que produisent leur présence ou leur absence sur la végétation. Nous préférons cette manière d'opérer à celle qui consiste à composer un terrain de toutes pièces avec des substances que l'on mélange entre elles, mélange toujours imparfait, et qui ne possède pas les qualités physiques des sols préparés de longue main par des actions naturelles; on devra se défier d'autant plus de ces sols composés qui ont été préparés dans le laboratoire avec des éléments obtenus par des opérations chimiques, que celles-ci les donnent rarement purs et dépouillés de tous les acides qui ont concouru à leur préparation. On devra agir sur un nombre de plantes suffisant pour que le résultat général

ne soit pas affecté par les vices organiques de quelques individus. Faute d'avoir rempli ces conditions, des séries d'expériences faites avec dévouement ne peuvent être admises à l'appui des propositions qu'elles tendent à démontrer.

CHAPITRE III.

Deux sources des aliments des végétaux.

81. Les plantes vivent dans deux milieux : l'air et la terre (l'air et l'eau pour les plantes aquatiques) ; leurs parties aériennes sont pourvues d'organes propres à inhaler les gaz, les vapeurs et l'eau (les stomates) ; leurs parties souterraines sont pourvues d'organes propres à inhaler les liquides (les fibrilles, le chevelu, les radicelles, les terminaisons des racines). C'est dans l'air et dans la terre que nous devons chercher l'origine des substances indispensables à l'entretien et à l'accroissement des végétaux.

82. Aucun végétal privé d'air atmosphérique ne peut vivre uniquement de sucs puisés par ses racines dans la terre (1). On verra bien quelques plantes aquatiques vivre pendant quelque temps dans le vide ou dans un air privé d'oxygène, mais aucune plante n'y prendra de développement (2).

83. Aucun végétal soumis à la culture ne peut vivre

---

(1) Saussure, p. 213.
(2) *Ibid.*, p. 194 et suiv.

d'une vie normale et utile en prenant uniquement sa
subsistance dans l'atmosphère. De nombreuses expériences ont montré qu'on obtenait bien alors un certain
développement en étendue, quelquefois même une
floraison et une chétive fructification, mais sans que la
masse de la plante gagne, à beaucoup près, ce qu'ac-
quiert celle qui plonge dans les deux milieux ; et
celle-ci prospère d'autant plus, que le sol qui entoure
ses racines contient une plus grande quantité de matériaux alimentaires, de ceux qui ne se trouvent qu'en
proportion insuffisante dans l'air. C'est par une illusion,
par exemple, que dans le saule de Vanhelmont, on
crut voir un rameau pesant $2^k.4$ parvenir en 5 ans
au poids de $82^k.67$ en plongeant uniquement dans
l'eau. Cet effet n'a plus lieu quand au lieu d'eau de
source ou de rivière qui tiennent des matières en suspension, on se sert d'eau distillée qui en est dépouillée.

84. Et cependant, c'est bien de l'atmosphère que les
végétaux tirent la plus grande partie de leur substance.
Après avoir constaté que l'eau pluviale qui avait séjourné
plusieurs jours dans le sol d'un jardin bien fumé contenait un millième de son poids d'extrait sec ; après
avoir constaté aussi que les plantes qui plongeaient
dans cette solution n'y prenaient que le quart de ces
extraits, de Saussure fit végéter dans cette eau un soleil
(helianthus) qui, en 4 mois, y acquit le poids de 4 kil.
réduit à 1/2 kil. par la dessiccation (1). Or, Hales avait

_____

(1) Saussure, p. 267.

trouvé que cette plante aspirait une quantité d'eau
égale à son poids en vingt-quatre heures ; au bout de
quatre mois le soleil avait donc absorbé 240 kil. d'eau
contenant 240 grammes d'extrait, dont la plante aurait pris le quart ou 60 grammes, moins du huitième
de son poids ; les sept-huitièmes avaient donc été puisés dans l'atmosphère. Des expériences très exactes
de M. Lawes de Rothemstadt, lui ont montré qu'en
moyenne les plantes assimilent une partie de matières
sèches pour 200 parties d'eau évaporées. Ici, nous n'aurions que 240 grammes de matière et l'helianthus a
acquis 500 grammes de poids. Mais il faut observer que
cette conclusion de M. Lawes est trop générale ; que
nous voyons, par exemple, dans son Mémoire, que les
céréales n'assimilent que 0.4 pour 100 du poids de l'eau,
mais que le trèfle assimile 0.7 pour 100, et qu'il ne serait
pas étonnant que l'helianthus assimilât encore davantage. On voit bien d'ailleurs que cette acquisition de la
plante ne provient pas seulement des matières dissoutes
dans l'eau, mais aussi de ce qu'elle a puisé dans l'atmosphère.

---

(1) *Investigation of water Given of by plantes*, p. 24 et 19, 20, 21.

CHAPITRE IV.

Aliments végétaux puisés dans l'atmosphère.

85. L'air atmosphérique est un mélange d'oxygène et d'azote en proportion presque constante; 20.9 d'oxygène et 79.1 d'azote en volume; 23.1 d'oxygène et 76.9 d'azote en poids. Mais en outre, il entre dans ce mélange une proportion variable de vapeur d'eau, d'acide carbonique, et un assez grand nombre de substances diverses dissoutes ou tenus en suspension.

86. La masse d'oxygène que contient l'atmosphère est inépuisable; les plantes lui restituant chaque jour tout celui qu'elles ont absorbé. Il en serait de même de l'azote en supposant que les plantes l'absorbassent à l'état gazeux, ou que cet azote pût être converti en ammoniaque dans l'acte de l'absorption des stomates.

87. Mais il n'en est pas de même de l'acide carbonique. L'air n'en contient que 4 à 6 dix millièmes de son volume. Si l'on considère que cette quantité ne donne que 16,900 kil. de ce gaz pour le prisme d'air qui repose sur un hectare de terrain, et que le bois qui peut y

croître fixe annuellement 1,750 kil. de carbone (1), c'est-
à-dire la neuvième partie de tout le cube de l'air super-
posé, on pourrait craindre de voir un jour l'air épuisé de
son carbone et la végétation des plantes de plus en plus
languissante devenir enfin impossible. Ce qui fortifierait
ces craintes, c'est la taille gigantesque des végétaux qui
ont vécu dans un temps où l'air était plus riche en acide
carbonique ; végétaux dont on trouve les traces dans
les houillères qu'ils ont contribué à former (2). Mais la
formation des houilles, des lignites, des terreaux ; la
saturation des métaux et des substances alcalines mises à
jour par les soulèvements ; les éruptions volcaniques ; la
végétation qui se fait aux dépens du carbone de l'air ;
et les travaux journaliers de l'homme ont graduellement absorbé et fixé une grande masse de ce carbone primitif. Il est restitué en partie par la quantité
d'acide carbonique qu'émettent les bouches des volcans ; par la fermentation des matières organisées qui
rend à l'atmosphère une partie de celui qui est absorbé
par la végétation ; par la culture qui met en contact le
terreau avec l'oxygène de l'air, le dispose aussi à fermenter et à restituer son carbone. Cette conversion du
terreau en acide carbonique qui, enrichissant l'air confiné dans la terre, finit par le répandre dans les couches aériennes les plus basses et, par une émission
continue, tend à réparer leurs pertes à mesure que la
végétation s'en empare de nouveau. Sommes-nous

---

(1) Chevandier, *Comptes rendus*, t. xviii, p. 143.
(2) Brongniart, *Annales des Sciences naturelles*, 1828, t. xv, p. 225 et suiv.

arrivés à un état d'équilibre stable où la consommation
et la production du gaz acide carbonique se balancent?
C'est ce que l'avenir seul pourra apprendre à nos
neveux.

88. Dès aujourd'hui il est évident que les plantes ne
trouvent pas dans l'air de quoi satisfaire à tous leurs
besoins en carbone. Elles prospèrent visiblement mieux
sur un terrain abondant en terreau et en fumier, et qui
émet une grande quantité d'acide carbonique; de Saussure a prouvé qu'elles se développaient avec plus
d'avantages dans un air auquel on ajoute jusqu'au dou-
zième de son volume de cet acide. C'est 200 à 300 fois
la dose qui y existe naturellement. Quand cette quantité
est dépassée, les plantes paraissent souffrir (1). C'est
qu'alors l'oxygène devient insuffisant pour fournir à leur
respiration; or, l'acte nutritif doit rester en équilibre
avec l'acte respiratoire, l'un ne peut s'accomplir sans
l'autre [§ 31-34].

89. L'acide carbonique étant dissous dans la vapeur
aqueuse de l'air, celui-ci en est d'autant plus riche qu'il
est plus humide; d'un autre côté, si l'air est stagnant
autour de la plante, celle-ci l'a bientôt dépouillé du
carbone qu'elle contient. Enfin, l'absorption de l'a-
cide carbonique est d'autant plus active que la lumière
est plus abondante; ainsi un air humide, légèrement agité, sous l'influence d'un ciel lumineux, telles
sont les circonstances les plus favorables à l'accrois-

(1) *Recherches sur la végétation*, p. 31.

sement des plantes. On peut avoir un air humide, riche en carbone, mais sans mouvement et avec un ciel couvert; ou bien un air sec, moins riche en carbone, avec du vent et un ciel clair; dans ces deux cas, il manquera quelque chose aux progrès de la végétation. C'est dans les terrains frais d'alluvion des vallées du Midi que l'on rencontre le plus souvent les trois circonstances nécessaires pour obtenir le maximum d'accroissement; abondante production d'acide carbonique s'élevant du sol, retenu par l'humidité de la couche inférieure de l'air, promené par les vents à travers les masses de plantes, et vivement absorbé par leurs stomates excitées par la radiation solaire. La richesse de la végétation est l'intégrale des effets produits par ces trois causes.

89. L'eau est mêlée à l'air sous forme de vapeur aqueuse transparente ou de vapeur vésiculaire qui forme les brouillards et les nuages. L'air peut en admettre une quantité qui varie selon sa pression et sa température et que la météorologie nous apprend à connaître. Indiquons ici seulement, par exemple, celle que l'air de nos climats, au niveau de la mer, peut contenir en moyenne. Dans l'ensemble de l'année, à la température de 10°.8 qui est celle de Paris, l'air saturé contiendrait par mètre cube 9^g.75 de vapeur aqueuse.

A celle de 1°.8, qui est celle du mois le
plus froid. . . . . 6^g.33

A celle de 18°.9, celle du mois le plus
chaud. . . . . 16^g.66

Mais, l'air n'est que rarement saturé, et d'après les

observations de Versailles, en 1849, le jour moyen n'aurait eu que 0.69 d'humidité relative, l'air aurait donc contenu, en moyenne. . . . . . . 6ᵍ.72 d'eau.

Le mois de janvier par 0.88 d'humidité relative. 5ᵍ.57

Le mois de juillet par 0.55 d'humidité relative. 9ᵍ.16

90. Il n'est pas douteux que les plantes ne puissent s'emparer d'une certaine quantité de vapeur aqueuse par leurs organes foliaires ; mais, est-ce par une action vitale, une succion, ou seulement par une imbibition pour se mettre en équilibre d'humidité avec l'air, voilà ce qui n'est pas constaté. Quoi qu'il en soit, cette absorption est insuffisante, car une plante dont les racines plongent dans une terre sèche, et dont la tête est entourée d'air saturé d'eau, ou même est plongée entièrement dans l'eau, vit quelque temps sans prendre d'accroissement et finit par se putrifier. Cela ne peut être autrement, parce que si cette eau est suffisante pour entretenir la flexibilité des tissus, la circulation déterminée par l'évaporation des feuilles est arrêtée et la séve devient stagnante. Au contraire, placée dans un sol suffisamment humecté et ayant sa tête dans un air complétement sec, la plante végète vigoureusement et se maintient fraîche ; elle reçoit l'eau nécessaire par les racines, et celle-ci s'évapore par les feuilles après qu'elle a déposé dans les tissus du végétal une partie des matières qu'elle tenait en solution.

91. Il y a cependant une limite à cette rapidité d'évaporation pour rester dans la mesure la plus favorable

aux plantes. Ayant recueilli l'eau d'évaporation des plantes placées dans un air très-sec, nous avons constaté qu'elle était très-chargée d'acide carbonique et d'ammoniaque, tandis qu'elle était d'autant plus pure que l'air était plus humide et l'évaporation moins accélérée. Un certain degré d'humidité de l'air est donc favorable à la végétation, en supposant même que le sol fournisse toute l'humidité nécessaire.

92. Quelle est cette quantité d'eau suffisante pour fournir à l'évaporation des plantes? Avant et pendant sa floraison, la luzerne évapore en vingt-quatre heures $112^g.94$ d'eau par kilogramme de son poids à l'état vert, ce qui revient à $451^g.76$ par kilogramme de son poids à l'état sec. On obtient d'un hectare de luzerne du 1er au 31 juin, une repousse donnant une coupe de 2,000 kilog. de fourrage sec. Pendant la durée de sa croissance elle avait donc un poids moyen de 1,000 kilogr. de fourrage équivalant à 4,000 kilogr. à l'état vert ou $0^k.4$ par mètre carré. Il y aura donc, pour chaque jour, une évaporation moyenne de $45^g.18$ d'eau par mètre carré, et pour le mois de juin entier $1345^g.4$. Pendant ce même mois de juin (1852), une surface aqueuse a évaporé $130^k.8$ par mètre carré, l'évaporation de la luzerne est donc environ $\frac{1}{100}$ de l'évaporation de l'eau (1).

---

(1) Dans ce mois, l'humidité relative de l'air avait été de 0.70 à 8 heures du matin et de 0.56 à 2 heures du soir, c'est-à-dire que ce mois avait été sec; les vents avaient peu soufflé. Quelle serait l'évaporation de cette plante et des autres plantes cultivées relativement à celle de l'eau dans d'autres circonstances atmosphériques, et quel serait son effet sur la végétation? Voilà ce qui reste à chercher.

5.

D'après Hales, un centimètre carré des plantes suivantes évapore en vingt-quatre heures :

	grammes d'eau.
L'hélianthus	0.0189
Le chou.	0.0368
Le pommier..	0.0308
Le citronnier.	0.0140
La vigne..	0.0139

D'après nos propres expériences :

La vigne.	0.0249
Le mûrier.	0.0153
La luzerne.	0.0236 (1).

93. Si l'azote gazeux pouvait être absorbé par les plantes, l'air leur en fournirait une source inépuisable. Mais en admettant même que son assimilation fût possible, on sait quelle végétation chétive a lieu sur les terrains stériles, quoique la plante soit en contact immédiat avec ce gaz que l'on croit nourricier. Mais quand il est amené à être combiné avec l'hydrogène, il forme de l'ammoniaque, les végétaux l'absorbent alors avec avidité, et il contribue puissamment à leur développement, comme nous l'avons dit plus haut [55, 42], quand le carbonate d'ammoniaque est mêlé à l'air jusqu'à la dose de 4 dix millièmes. La végétation elle-même contribue, comme nous l'avons dit, à former une partie de l'ammoniaque qu'elle absorbe [43], mais c'est à condition qu'elle

---

(1) 395 grammes de luzerne donnent 1,890 cent. carrés de feuilles ; 1 kil. donne donc 4,785 cent. carrés et 1 kilogr. évapore 112^s.94.

ait déjà trouvé dans le sol des principes nutritifs qui lui aient procuré un développement abondant et riche en chlorophylle.

94. Par lui-même, l'air serait loin de contenir naturellement, une quantité d'ammoniaque propre à donner une végétation opulente; Fresenius n'en trouve guère que 136 grammes sur un million de kilogrammes d'air, ce qui donne seulement 13^k.7 d'ammoniaque pour toute la colonne d'air qui repose sur un hectare. Cette quantité serait faible et ne pourrait être atteinte par les plantes, dispersée comme elle l'est sur la masse de l'air, si les rosées et la pluie ne la ramenaient souvent en totalité sur la terre, et si après avoir été absorbée par les plantes ou par le sol, elle ne se renouvelait sans cesse par leurs évaporations, par la putréfaction de matières animales et végétales, par les gaz produits par les volcans. Nous verrons plus loin la quantité d'ammoniaque que les différents météores aqueux ramènent ainsi sur le sol.

95. Ce n'est pas seulement de l'ammoniaque que les eaux de pluies et la rosée enlèvent à l'air, mais aussi des azotates, formés peut-être par des actions électriques dans l'air, et des substances organiques que les vésicules de vapeur ont enlevées en s'élevant dans l'air et qui étaient dissoutes ou tenues en suspension dans le liquide qui les a produites. Comme il est peu probable que les plantes saisissent toutes ces substances dans l'air, comme elles les prennent sans doute quand elles ont été déposées sur le sol, nous en traiterons plus au long dans le chapitre suivant.

CHAPITRE V.

La terre comme source d'aliment pour les plantes.

96. Le sol dans lequel se passe une partie considérable de la vie des plantes (au moins de celles qui font l'objet de nos cultures), est un mélange confus de débris altérés, pulvérisés des roches, qui compose la partie solide du globe terrestre. Cette dislocation de leur masse a été produite par des causes mécaniques et chimiques.

97. Les roches sont attaquées mécaniquement par leur gravité, qui, quand l'appui leur manque, laisse tomber les parties qui n'adhèrent pas fortement à leurs voisines; par le frottement qu'exercent sur elles les eaux courantes et les matières diverses qu'elles entraînent; par les propriétés hygrométriques de leurs diverses particules qui les déplacent en changeant leur volume relatif; par les gelées qui accroissent le volume de l'eau qui a pénétré dans leurs interstices.

98. Les roches sont attaquées chimiquement par l'eau

qui dissout leurs parties solubles ; par l'acide carbonique réuni à l'eau, qui dissout leurs silicates, leurs phosphates, leurs carbonates ; par l'oxygène de l'air qui
s'unit aux parties oxydables en modifiant toutes leurs
propriétés.

99. Si la décomposition de la roche se fait sur une
surface plane et peu inclinée, la couche de terre meuble
est peu épaisse, parce qu'elle ne tarde pas à recouvrir
cette surface et à entraver les causes de destruction qui
l'atteignaient à nu. Mais quand elle est inclinée, ses débris
descendent sur le plan incliné et sont facilement transportés dans des lieux plus bas et jusqu'au fond des vallées, par les eaux qui descendent des hauteurs. Les
grands cours d'eau qui ont sillonné le globe aux époques géologiques, ont formé des dépôts dont la composition est semblable sur de vastes espaces de terrains,
quoiqu'elle soit variable dans les proportions des substances qui y sont mêlées, suivant que les courants qui
les entraînaient, conservaient, gagnaient ou perdaient
de leur impétuosité ; arrêtés enfin par des obstacles, ils
ont pu produire ces amas, ces couches épaisses que l'on
désigne sous le nom de *diluvium*.

100. Les cours d'eau modernes qui ont moins d'étendue et moins d'impétuosité, ont formé et forment encore
des dépôts limités par les niveaux où ils s'élèvent, déposant dans leurs cours, d'abord les matières les plus
pesantes, puis successivement celles qui le sont moins,
à mesure que leur rapidité diminue. Ces dépôts prennent
le nom d'*alluvion*. Ceux que les courants de la mer où
les flots poussés par la marée ou les vents laissent sur

les côtes, sont désignés par le nom d'*atterrissement*.

101. Les vents enlèvent aussi des particules de terre, et les entraînent jusqu'à ce que leur violence soit diminuée, par les obstacles que leur font l'air en repos et les saillies du terrain. Dans le premier cas, leur vitesse diminue graduellement et le dépôt a lieu uniformément sur leur passage, par ordre de pesanteur des parties entraînées; dans le second cas, il y a refoulement et abandon subit des matériaux transportés, qui s'entassent, accroissent l'obstacle et forment des monticules qu'on appelle *dunes*.

102. A mesure que les roches sont fracturées, broyées, pulvérisées, elles présentent à l'action des agents chimiques, des surfaces de plus en plus grandes, proportionnellement à leur masse; aussi leur décomposition s'avance-t-elle rapidement; leurs éléments sont tantôt séparés, tantôt réunis, pour former de nouveaux mélanges. Les roches feldspathiques, les basaltes peuvent se transformer en *argile*; celle-ci mêlée en de certaines proportions avec la silice quartzeuse forme des *glaises*, ou bien unie très-intimement au carbonate de chaux elle prend le nom de *marne*. A ces grands matériaux de nos terrains viennent se joindre, mais le plus souvent en moindre proportion, la magnésie, le fer, le sulfate de chaux, les alcalis minéraux et divers phosphates.

103. Enfin, ces matières minérales sont mêlées aux débris organiques de toutes sortes qui proviennent des animaux et des plantes qui ont vécu sur le sol, ou qui y ont été transportés par les eaux courantes, par la pluie ou la vapeur. L'ensemble hétérogène et très-varié de

ces substances qui ont eu vie, est ce qui constitue le *terreau*.

104. Telle est la nature des terrains agricoles dans lesquels les plantes doivent croître, voyons maintenant les aliments qu'elles peuvent y puiser. Nous commencerons par l'eau le plus indispensable de tous. Le sol reçoit l'eau de trois sources: les météores aqueux (la pluie, la neige, les brouillards, la rosée), la filtration des terres situées à des niveaux supérieurs et qui laissent écouler les eaux dès qu'elles dépassent leur faculté hygroscopique; l'ascension de l'eau des couches inférieures par l'effet de la capillarité.

105. Si l'on considère l'ensemble de l'Europe, la moyenne des pluies observées dans 153 lieux, pris dans différentes régions, présente annuellement une couche de 750 millimètres ou un poids de 750 kilogrammes d'eau par mètre carré; dans ces quantités, l'hiver figure pour 162 millimètres, le printemps pour 164 millimètres, l'été pour 199 millimètres et l'automne pour 225 millimètres (*Cours d'Agriculture*, t. II, p. 274 et suiv.); mais ces quantités varient beaucoup, soit dans leur total, soit dans la distribution des saisons, pour les différentes localités (*Cours d'Agriculture*, t. II, p. 264).

106. L'eau reçue par filtration des terrains supérieurs, alimente les terrains naturellement secs, mais elle rend humides ceux qui manquent d'un écoulement assez rapide ou qui sont d'une nature très-hygroscopique. Alors cette eau est nuisible; privée de mouvement, entourée de principes désoxydants elle s'altère, les racines n'y

pénètrent pas ou y pourrissent, les sucs nutritifs trop délayés sont portés en trop petite quantité dans les plantes, avec une masse de liquide qui affaiblit les tissus et engorge les cellules.

107. Quand les couches supérieures du sol sont plus sèches que les couches profondes, l'eau remonte par capillarité pour rétablir l'équilibre entre elles. Dans une terre contenant 0.50 d'argile, l'air qui repose sur la surface étant à 0.80 d'humidité relative, l'eau qui venait du fond a monté de 12 centimètres en 24 heures, et de 39 centimètres en 42 jours. Dans une autre terre qui contenait 0.12 d'argile et 0.60 de calcaire, l'eau a monté le premier jour de 27 centimètres et de 48 centimètres en 5 jours (1). De Candolle trouvait que le sable de mica donnait l'ascension la plus rapide, cependant dans son expérience, l'eau n'avait monté que de 78 centimètres en 7 mois (2).

108. Le sol perd de plusieurs manières l'eau qu'il a reçue, et d'abord en abandonnant aux lois de la gravité la partie d'humidité que ses propriétés hygroscopiques ne lui permettent pas de retenir et qui s'infiltrent dans les couches inférieures.

109. L'hygroscopicité du sol est cette propriété qu'il a de retenir une certaine quantité d'eau sans la laisser filtrer. Elle varie selon la nature des substances qui la composent, et aussi selon leur degré d'atténuation. Ainsi la magnésie retient 4.56 fois son poids d'eau, le terreau, 1.99,

---

(1) *Comptes rendus*, t. xxxii, p. 700.
(2) *Physiologie*, p. 98.

la terre calcaire fine, 0.85, l'argile, 0.70, tandis que le sable quartzeux n'en retient que 0.25 ; mais ce même sable finement pulvérisé retient 0.50 de son poids d'eau. Le mélange de tous ces éléments de nature et d'atténuation différentes, font beaucoup varier l'hygroscopicité des terrains. Schubler, qui le premier institua des expériences directes à ce sujet (1), a trouvé qu'une terre de jardin retient 0.89 d'eau, une terre arable d'Hoffwyl, 0.52, une terre du Jura, 0.48 : nous avons trouvé dans notre pratique des terres retenant 0.93 et d'autres 0.25 seulement (*Cours d'Agr.*, t. I, p. 178).

110. Une fois qu'elle a pénétré dans l'intérieur de la terre, l'humidité est en mouvement incessant, descendant des couches supérieures ou montant des couches inférieures, selon que les unes ou les autres sont plus voisines ou plus éloignées du terme de saturation. A la surface il en est de même entre la terre et la couche d'air superposée. Cependant l'équilibre d'humidité tend à s'établir, tantôt l'air enlevant celle de la terre quand il est plus sec et lui en rendant quand il est plus humide. De tous ces échanges entre le sol et l'air et entre les différentes couches de terre, résulte un état variable du sol pour chaque instant, état qui ne peut être constaté que par l'expérience directe.

111. L'évaporation du sol consiste donc dans cet échange entre sa surface et l'air, habituellement plus sec que lui. Des expériences assez nombreuses ont été

---

(1) *Mémoire de la Société centrale d'agriculture*, 1827, t. I.

faites pour constater les rapports de l'eau absorbée par la filtration et perdue par l'évaporation. Elles ont eu lieu sur des terres sans communication avec les couches inférieures, c'est-à-dire, qui perdaient par la filtration tout ce que l'hygroscopicité du sol ne retenait pas, c'est l'effet que l'on attend du drainage dont nous parlerons ailleurs. Nous citerons seulement quatre de ces expériences faites, par Dalton (1), par Maurice de Genève (2), par nous à Orange (3), et par Dickinson dans le Herfordshire (4). Elles nous donnent les résultats suivants :

	DALTON.			MAURICE.		
	Pluie mensuelle.	Évaporation de la terre.	Filtration mensuelle.	Pluie mensuelle.	Évaporation de la terre.	Filtration mensuelle.
	mill.	mill.	mill.	mill.	mill.	mill.
Janvier . . .	62.4	25.6	36.8	53.5	5.6	+ 47.9
Février . . .	45.7	12.7	33.0	111.7	27.3	+ 84.4
Mars	22.9	15.8	7.1	10.4	35.6	− 25.2
Avril.	43.6	37.7	5.9	9.2	23.2	− 14.0
Mai.	106.1	68.3	37.8	23.7	31.8	− 8.1
Juin.	63.2	55.8	7.6	97.2	66.1	+ 31.1
Juillet. . . .	105.5	104.9	1.5	79.2	58.2	+ 21.0
Août.	99.3	86.0	4.3	42.9	47.4	− 4.5
Septembre. .	83.3	74.9	8.4	40.8	33.4	+ 7.4
Octobre.. . .	73.6	67.8	5.8	95.4	35.4	+ 60.0
Novembre. .	74.2	51.9	22.3	42.9	20.3	+ 22.6
Décembre . .	81.3	37.7	43.6	46.7	17.9	+ 28.8
	852.1	638.0	214.1	653.6	402.2	+ 251.4

(1) *Mémoires de Manchester*, t. v, part. 2.
(2) *Bibl. britann.*, 1796, 1796.
(3) *Cours d'agriculture*, t. ii, p. 122.
(4) *Journal de la Société d'agriculture d'Angleterre*, t. v.

	DE GASPARIN.			DICKINSON.		
	Pluie mensuelle.	Évaporation de la terre.	Filtration mensuelle.	Pluie mensuelle.	Évaporation de la terre.	Filtration mensuelle.
	mill.	mill.	mill.	mill.	mill.	mill.
Janvier.. . .	46.1	12.3	+ 33.8	46.9	13.7	33.2
Février.. . .	52.7	56.0	− 3.3	50.1	10.8	39.3
Mars.	41.4	77.0	−35.6	41.0	13.6	27.4
Avril. . . .	57.6	66.2	− 8.6	36.9	29.1	7.8
Mai..	61.5	68.0	− 6.5	47.1	44.4	2.7
Juin. . . .	47.1	85.2	−38.1	56.1	55.1	1.0
Juillet.. . . .	28.1	21.7	+ 6.4	58.1	57.0	1.1
Août.	49.2	17.7	+31.5	61.5	60.6	0.9
Septembre..	105.0	35.4	+69.6	66.9	31.4	9.3
Octobre.. . .	101.5	76.0	+25.5	71.6	36.1	35.5
Novembre..	82.6	45.2	+37.4	87.5	7.3	80.2
Décembre..	49.3	36.0	+13.3	41.6	4.2	45.8
	722.1	596.7	125.4	665.3	381.1	284.2

	Pluie.	Évaporation.	Filtration.	Filtration pour 100 de pluie.	Évaporation pour 100 de pluie.
	mill.	mill.	mill.		
Dalton.	852.1	638.0	214.1	25.1	74.9
Maurice.	653.6	402.2	251.4	38.5	61.5
De Gasparin. . . .	722.1	596.7	125.4	17.5	82.5
Dickinson.	665.3	381.1	284.2	42.7	57.3

Les différences obtenues proviennent de la nature des sols expérimentés, des vents qui accélèrent l'évaporation, de l'isolement des jours de pluie, comme à Orange. Alors l'eau tombe sur un terrain sec, et est immédiatement reprise par l'évaporation avant de s'y dérober dans l'intérieur de la terre.

112. La dernière cause de la perte d'humidité pour le sol, c'est l'évaporation des plantes qui y végètent, évaporation qui est aussi en rapport avec l'humidité de

l'air, tant que la terre fournit aux racines l'eau qui leur
est nécessaire. Nous avons dit [§ 92], quelle était la
quantité d'eau évaporée par certaines plantes, entre
autres nous avons vu qu'un kilogramme de luzerne
verte évaporait 113 grammes d'eau en 24 heures. Cette
expérience avait été faite à la température moyenne de
21° et une humidité relative en moyenne de 0.78. Soit
maintenant une coupe d'un hectare de luzerne, qui a
crû pendant tout le mois de juin et qui pèse en vert
8,000 kilogrammes (2,000 kilogrammes de fourrage sec).
Son poids moyen pendant le mois a été de 4,000 kilogrammes qui ont évaporé par jour 452 kilogrammes
d'eau, et dans le mois 13,560 kilogrammes ; à Orange,
le mois de juin nous fournit 470,000 kilogrammes d'eau
par hectare (une couche de 47 millimètres d'eau) ; mais
l'évaporation du sol enlèverait 850,000 kilogrammes. Il
y aurait donc un déficit de 380,000 kilogrammes, si le
sol n'avait pas une réserve provenant des pluies de
l'hiver et du printemps. Cette réserve ne peut exister
sans une certaine profondeur du terrain qui dérobe
une partie de l'humidité à l'action dissolvante de l'air
extérieur. Les sols peu profonds sont desséchés de
bonne heure, ainsi que ceux qui sont trop filtrants et peu
hygroscopiques. Pour que l'approvisionnement en eau
d'un terrain soit suffisant, il faut qu'il conserve constamment à 30 centimètres de profondeur, au delà de 0.13
de son poids d'eau, et cette humidité est en excès s'il en
a plus de 0.20.

113. A moins qu'il n'existe sous le sol et à une petite
profondeur un réservoir d'eau aérée à niveau presque

constant, on voit que c'est la distribution régulière des pluies, en quantité et à des intervalles tels, qu'une partie de l'eau tombée échappe à l'évaporation qui permet de compter sur l'alimentation régulière des plantes. Ainsi, à Paris, au mois de juin, la quantité moyenne des pluies par jour pluvieux est de 4^{mm}.1 ; il tombe de la pluie pendant 3.6 jours consécutifs, ainsi 14^{mm}.3 d'eau pour chaque période ; l'évaporation de l'eau est de 2^{mm}.5 et pendant 4.2 jours d'intervalle entre la période de pluie 10^{mm}.5. Si nous supposons que l'évaporation de la terre soit le tiers de celle de l'eau, ainsi que sembleraient l'indiquer les observations, cette évaporation serait donc de 0^{mm}.8 par jour, de 3^{mm}.5 par chaque intervalle. Il reste donc en terre 14.3 — 3.5 = 10^{mm}.8. Ainsi l'on peut présumer que dans ce pays la terre reste suffisamment humectée et saine, la sécheresse sera complète, s'il arrive que le produit des jours de pluies consécutifs multiplié par 4.2, ne surpasse pas celui des jours d'intervalle multiplié par 0.8. Ainsi un seul jour de pluie donnant 4.1 suivi d'un intervalle de cinq jours sans pluies 5 × 0.8 = 4, amène la sécheresse du sol. De telles circonstances ont eu lieu à Paris onze fois sur 32 années (*Cours d'Agriculture*, t. II, p. 303). Ce chiffre indique le degré de probabilité de cet événement sans rien indiquer de certain pour telle ou telle année, puisque les éléments de ce calcul sont très-variables.

114. Les générations successives de plantes qui croissent sur le sol y laissent de nombreux débris auxquels viennent s'ajouter encore ceux des animaux qui y vivent et y meurent, surtout ceux des insectes et des

vers qui, par leur nombre, semblent quelquefois animer
la poussière ; et cependant cette accumulation, si abondante qu'on puisse la concevoir, ne pourrait expliquer
la présence de $\frac{1}{100}$ de terreau dans le sol (**250,000 kilogr.**
par hectare à $\frac{1}{3}$ de mètre de profondeur), qu'en supposant que la production complète de quatre-vingts ans
de végétation s'y est accumulée sans éprouver d'altération. Or, si l'on pense qu'une faible partie de la masse
végétale produite annuellement est restituée à la terre;
que celle qui y reste est abandonnée à la surface à l'action des éléments ; si l'on pense à la rapidité avec laquelle disparaissent les effets des engrais végétaux les
plus riches, on sera disposé à croire que le terreau
existant dans la plupart de nos terres, de celles qui sont
à l'abri des inondations, date de la formation même des
sols, et est une production des âges géologiques comme
les houilles et les lignites, de la nature desquels il parti-
cipe par sa composition, comme par la fixité et la
lenteur de sa putréfaction ; de ces âges où l'abondance
de l'acide carbonique de l'air rendait la végétation luxu-
riante en fixant ces masses de carbone que tous les travaux de l'industrie tendent aujourd'hui à restituer à
l'air.

115. Le terreau étant composé de débris de corps
organisés, appartenant principalement au règne végétal,
on comprendra qu'il est composé de ligneux, de cellulose, auxquels se joignent dans une moindre proportion
des substances albuminoïdes et des produits élaborés
par les végétaux ; des sucres, des gommes, des résines,
des graisses, des acides végétaux, tels que l'acide oxa-

lique et l'acide tannique et les sels qu'ils forment avec les bases ; peut-être quelques alcaloïdes, et enfin des matières fixes inorganiques.

116. Les terreaux ne seraient donc identiques au moment de leur formation, que s'ils provenaient des mêmes espèces de plantes dont les éléments fussent dans les mêmes proportions. Mais la nature de la végétation diffère selon les espèces de plantes, la nature du sol et les climats. Ainsi, un terreau formé par les débris d'une forêt sera abondant en ligneux ; celui formé par une succession de plantes annuelles abondera en tissus cellulaires et en matières albuminoïdes ; la plante à sécrétions acides laissera sur le sol du tannin ; la plante aquatique, si abondante en ligneux (les *sphagnes,* les *carex,* les *eriophorum* contiennent plus de 40 pour 100 de ligneux) (1), en fournit beaucoup et laisse peu de matières azotées ; celle des terrains salifères aura concentré le sel dans ses tissus et le terrain en sera imprégné ; enfin, les mêmes espèces de plantes ne donneront pas un terreau semblable ; il sera analogue à la richesse du sol qui les a nourries, et qui, selon sa nature, aura favorisé la production des organes foliaires, ligneux, ou ceux de la fructification. Ainsi, dès leur origine, il y a de grandes différences entre les terreaux, et on ne peut les considérer comme une substance unique, définie, dont il suffit de constater la présence sans s'informer de sa composition, et s'il est vrai de dire qu'un sol sans terreau est stérile, on se tromperait en

_____

(1) Lesquereux, *Recherches sur les marais tourbeux,* 1846.

6*

affirmant qu'il est fertile parce qu'il possède beaucoup de terreau.

117. Le terreau ne reste pas longtemps dans cet état d'intégrité après avoir cessé d'appartenir à la nature vivante, pour peu qu'il soit soumis sous une température suffisante à l'action d'un air humide. Il se passe alors des phénomènes que nous nous garderons d'expliquer, mais que nous nous bornerons à décrire. Les matières albumineuses qu'il contient se modifient et prennent le nom de ferment. Si l'affluence de l'oxygène est gênée, peu abondante, il ne se développe pas une chaleur sensible ; sans changer leur composition élémentaire par une simple modification de leur arrangement moléculaire, les substances ternaires, le ligneux, la cellulose, la fécule, se transforment en dextrine, en glucose, en matières sucrées de plusieurs espèces. Cette action, que l'on pourrait appeler fermentation obscure, ou du premier degré, a été aussi nommée action *catalytique* ou *catalyse*.

118. Quand l'oxygénation du ferment est plus avancée, il ne se borne pas à produire une simple catalyse, mais la masse fermentescible s'échauffe, ses substances diverses se dédoublent, échangent certains éléments, en laissent échapper d'autres qui ne trouvent pas immédiatement ceux avec lesquels ils pourraient se combiner ; il y a principalement perte d'acide carbonique et d'ammoniaque sous forme de gaz. C'est ce que l'on appelle *fermentation;* on l'observe dans la fermentation vineuse et dans les fumiers de ferme quand l'action est modérée.

119. Enfin, si le ferment est très-abondant, si la température de l'air est élevée, il y a échauffement considérable, oxygénation rapide, et production abondante d'acide carbonique, d'hydrogène, d'hydrogène sulfuré, d'hydrogène carboné, d'hydrogène phosphoré, d'ammoniaque, etc. Cette émission de gaz est infecte, et cette fermentation précipitée prend le nom de *fermentation putride* et de *putréfaction*.

120. Il n'arrive pas que les principes azotés soient assez abondants dans le terreau pour que cette dernière espèce de fermentation y ait lieu ; c'est principalement la catalyse et la fermentation ordinaire qui y ont lieu, et le plus souvent l'une et l'autre à la fois en proportions diverses, selon les circonstances. Il se produit en même temps des matières sucrées et alcooliques, et de l'acide carbonique. Mais il ne faut pas oublier que pour que la fermentation puisse avoir lieu, il faut la présence 1° de l'air; 2° d'une certaine humidité; 3° d'une température convenable.

121. On sait qu'une seule bulle d'oxygène mise au contact avec du moût de raisin suffit pour transformer en ferment une molécule de sa substance albumineuse, et qu'alors la fermentation continue sans la présence de l'air; mais on ne peut admettre la parité entre ce qui se passe dans un liquide où l'albumine est assez abondante, proportionnellement à la matière fermentescible, pour ne pas s'épuiser avant la fin de la fermentation, et ce qui a lieu dans des corps plus ou moins solides, dont les principes sont immobiles, où les corps albuminoïdes ne sont pas continus, mais divisés par pe-

6.

tites portions, séparés par des corps ternaires, en quantité considérable relativement à la leur. Aussi l'altération de ces parties d'albumine ne se fait que successivement, à mesure que, dégagées de leur gangue, elles se trouvent en présence de l'air, et quand on retarde sa circulation, quand c'est l'acide carbonique qui le remplace dans les interstices du terreau, la fermentation s'arrête ou devient très-lente. C'est ce qui arrive dans le fumier d'étable fortement pressé; ce qui explique l'état d'intégrité du terreau profondément enterré dans le sol compacte et sa rapide décomposition quand il est amené à la surface par les défoncements, opération qui met un nouveau trésor à la disposition du cultivateur qui a épuisé celui de la surface.

122. Les éléphants antédiluviens de Sibérie, trouvés entiers avec leurs chairs, après avoir été enfermés tant de siècles dans les glaces, montrent assez que la fermentation ne peut avoir lieu à une température froide. En Russie, on s'approvisionne de viande pour tout l'hiver en la faisant geler. La fermentation est très-peu sensible jusqu'à ce que l'air environnant ait acquis 12° à 20° de chaleur. Ce n'est donc que pendant les époques de l'année où le sol atteint cette température que peut avoir lieu la décomposition du terreau. Or, c'est la fermentation qui prépare les matériaux solubles à la nutrition des plantes. On pourrait donc dire qu'à égalité de quantité et de qualité du terreau, un sol est d'autant plus fertile qu'il se trouve dans un climat dont la température plus élevée dure le plus longtemps, pourvu que les autres conditions de la fermentation s'y rencontrent; comme aussi le climat le plus chaud épuisera le plus vite sa richesse, si elle n'est pas renouvelée.

123. La fermentation s'épuise en agissant; aussi trouve-t-on des amas de terreau qui restent dans leur intégrité et qui attendent qu'on leur fournisse un ferment pour produire des matières solubles propres à alimenter les végétaux. Tels sont nombre de terreaux formés sous l'eau, de plantes très-abondantes en ligneux et peu riches en principes azotés, les tourbes, par exemple. Quoique les terrains soient infertiles dans cet état, on en obtient des récoltes inattendues avec une faible dose d'engrais animal.

124. La fermentation ne peut avoir lieu sans un degré assez considérable d'humidité. Nos fourrages, que nous appelons secs, contiennent encore un huitième de leur poids d'eau et se conservent sans fermenter; mais on sait aussi avec quelle rapidité l'action fermentante s'établit dans les amas de végétaux humides : elle se manifeste par une vive chaleur qui va quelquefois jusqu'à l'incendie de la masse. D'un autre côté, quand un tas de fumier fermente avec une trop petite quantité d'eau, sa chaleur augmente beaucoup et favorise la végétation de champignons (le blanc) qui s'emparent de sa substance. On préfère alors le dessécher complétement au soleil, en le conservant dans cet état jusqu'à ce que l'on puisse l'humecter suffisamment pour le maintenir à une température où la fermentation soit modérée.

125. Soumis à ces causes d'altérations et à ces divers degrés de fermentation, le terreau ne présente plus les

éléments des plantes tels qu'ils se trouvaient dans les
végétaux qui l'ont formé. Une partie de ce terreau, au-
paravant insoluble dans l'eau, se transforme en une substance soluble. Le terreau de bruyère de Meudon, traité
par de Saussure et conservé pendant deux jours avec le
double de son poids d'eau, donnait, sur 100 grammes de
liqueurs filtrées, 0.388 d'un extrait brun, non acide,
composé de glucose, de dextrine, d'une substance
azotée, de quelque trace de nitrate de potasse et d'ammoniaque et de chlorure de chaux et de potassium; il
fournissait $14\frac{1}{2}$ pour 100 de son poids de cendres, contenant 3 pour 100 de sels solubles à l'eau. Le carbonate
de potasse y entrait pour $\frac{1}{10}$, et on y trouvait encore
du phosphate de potasse ou de chaux et d'autres sels
alcalins. La partie insoluble des cendres était formée
de phosphate de chaux, d'oxyde métallique et de
silice (1).

126. Nous rapportons ces détails parce qu'ils donnent
une idée assez exacte de la composition de l'*humus;*
c'est par ce nom que nous désignons la partie soluble
du terreau. Bien convaincu depuis longtemps que la véritable analyse des terres arables, celle qui pouvait
éclairer l'agriculture, était la recherche et l'examen de
leurs parties solubles (*Cours d'Agriculture*, t. I, p. 51),
nous recommandions à M. Verdeil, chimiste distingué
qui dirigeait les travaux chimiques de l'Institut agronomique, de commencer toujours par l'humus l'analyse des

---

(1) *Bibl. universelle*, décembre, 1841, p. 345, note.

terres du domaine qu'il était chargé de faire ; cette mesure l'a conduit à des résultats remarquables. Les parties
solubles de ces terres (*humus*) contiennent invariable-
ment une certaine quantité de matières organiques, ac-
compagnées de matières inorganiques dissoutes. La partie organique de l'humus consistait en matières albuminoïdes dont l'azote représentait en moyenne 1.50
pour 100 du poids de l'humus sec, du glucose, de la
dextrine, ou plutôt une matière à saveur sucrée d'une
nature non encore définie, et qui possède la propriété
commune aux sucres, de dissoudre les substances minérales, au point que dans une de ces terres (Satory)
l'humus présentait en matières fixes deux fois le poids
des matières organiques, et la silice composait les $\frac{2}{3}$ du
poids de cette partie minérale. La moyenne des terres
arables de Versailles avait dans 100 parties de son humus,
45 de matières organiques et 55 de matières minérales
fixes. Quant à la proportion de l'humus à la terre elle-
même, celle de la sablière donnait 24.8 d'humus sec par
100 kilogrammes de terre, ou le 0.0248 pour 100 de son
poids.

TABLEAU

DES ANALYSES DE L'HUMUS DES TERRES DE VERSAILLES (1).

DÉSIGNATION des ANALYSES.	MAIL.	FAISANDERIE.	GAZON.	AVENUE DE LA REINE.	POTAGER.	SATORY.	ARGILE DE GALLIE.	CALCAIRE DE GALLIE.	TOURBE.	SABLIÈRE.	MOYENNE des terres analysées.
Matières organiques.	43.00	70.50	35.00	44.00	37.00	33.00	48.00	47.00	46.00	47.40	45.14
Cendres	57.00	29.50	65.00	56.00	63.00	67.00	52.00	53.00	54.00	52.60	54.86
TOTAUX. . . .	100.00	100.00	100.00	100.00	100.00	100.00	100.00	100.00	100.00	100.00	100.00

MATÉRIAUX DES CENDRES POUR 100.

	MAIL.	FAISANDERIE.	GAZON.	AVENUE DE LA REINE.	POTAGER.	SATORY.	ARGILE DE GALLIE.	CALCAIRE DE GALLIE.	TOURBE.	SABLIÈRE.	MOYENNE
Sulfate de chaux. .	48.92	31.49	48.45	43.75	36.60	18.70	18.75	17.21	24.43	22.31	31.06
Carbonate de chaux.	25.60	35.29	6.08	6.08	12.35	24.25	45.61	48.50	30.61	34.59	26.90
Phosphate de chaux.	4.17	2.16	2.75	6.32	11.20	18.50	3.83	9.00	0.92	8.10	6.69
Oxyde de fer. . . .	1.55	0.47	1.21	2.00	Traces.	3.72	0.95	Traces.	5.15	1.02	1.61
Alumine.	0.62	Traces.	»	Traces.	Traces.	0.80	1.55	»	Traces.	»	0.30
Chlorure de sodium et de potassium	7.63	3.55	6.19	14.45	18.51	»	9.14	6.21	6.06	4.05	7.58
Silice.	5.49	13.67	25.71	15.61	19.60	21.60	5.00	5.50	8.75	15.58	18.65
Potasse et soude des silicates. . . .	3.17	4.23	5.06	4.13	7.23	4.65	7.60	»	7.45	6.57	5.01
Magnésie.	»	»	»	»	Traces.	»	7.60	8.32	»	»	1.59

127. Ainsi l'humus est composé de substances albumineuses dont l'azote dose 1.5 à 2 pour 100 de son
poids, d'eau à saveur sucrée et de substances minérales
en solution dans l'eau; c'est-à-dire de tout ce que nous
trouvons dans la séve avant qu'elle ne soit élaborée par

---

(1) *Comptes rendus*, t. XXXV, p, 95.

les feuilles ; il est donc bien la véritable nourriture que les plantes reçoivent par les racines.

128. Ce qui a retardé jusqu'ici la véritable connaissance du terreau, c'est que l'on prenait pour type de cette substance celui qui se forme dans les saules creux ou celui qui s'accumule dans les gazons et non celui qui se trouve dans l'intérieur de la terre. Le terreau fermentant à l'air libre donne des produits acides, de l'acide ulmique, de l'acide acétique, etc. Mais de même que la fermentation du sucre est arrêtée par l'addition de la chaux à laquelle il s'unit, de même celle du terreau s'arrête aussi à l'état de matière sucrée en dissolvant les substances minérales qui l'entourent.

129. Les expériences de Saussure (1) ont suffisamment prouvé que les racines des plantes absorbaient les solutions d'humus, pour dissiper tous les doutes que l'on avait voulu élever à ce sujet. Elles montrent en même temps qu'une plante de fève pesant 11 grammes, plongeant dans une solution d'humus pendant 14 jours, a augmenté son poids de 6 grammes, en absorbant 9 milligrammes d'humus (2). L'eau d'évaporation de cette plante contient des sels ammoniacaux et calcaires à la dose de 3 milligrammes par 60 grammes de cette eau (3) et se montant au vingtième de l'humus absorbé. Ainsi la plante avait reçu de la terre 0.0015 de son poids, l'atmosphère avait donc dû lui fournir les 0.9985 de son

(1) *Bibliothèque universelle de Genève*, décembre 1811, p. 340.
(2) *Ibid.*, p. 343.
(3) *Ibid.*, p. 348.

poids. Ce qui se passe ici dans le jeune âge de la plante
diffère de ce qui a lieu dans une durée plus longue de
végétation, où l'accumulation des matières fixes dans
les tissus finit par augmenter l'aliment qu'elle puise
dans le sol [§ 84]. Au reste, la proportion trouvée dans
la végétation de la fève ne peut être qu'un minimum
provenant de ce que l'humus ne pouvait pas pourvoir
la plante de toutes les substances minérales qu'elle prend
à la terre ; elle suffit cependant pour donner une idée
du rôle important de l'air dans la nutrition des végétaux.
Nous verrons bientôt que la terre contribue aussi largement à doter l'air de ce gaz nutritif.

130. On n'avait pas cherché jusqu'ici à déterminer
le volume d'acide carbonique mêlé à l'air confiné dans
le sol, c'est ce qui a été entrepris par MM. Boussingault
et Levy (1) ; ils ont montré : 1° qu'une partie de l'air
qui pénètre dans le sol a été employée à brûler le carbone
et l'hydrogène de la matière organique du terreau, et à
former du gaz acide carbonique ; de sorte, que la somme
de ces deux gaz représente à peu près le volume de
l'oxygène de l'air ; 2° que cet air confiné renferme jusqu'à vingt-trois fois autant d'acide carbonique que l'air
atmosphérique ; 3° que sa quantité est d'autant plus
grande qu'on a fumé récemment la terre, et qu'ainsi on
l'a pourvue de matières en état de fermentation et de
ferment propre à agir sur le terreau. La table suivante
présente le résultat final de ces expériences ; elle nous

---

(1) *Comptes rendus*, t. xxxv, p. 774.

montre que le sol peut contenir de 741 à 80,543 litres d'acide carbonique par hectare, à 30 centimètres de profondeur. La plus faible de ces doses a été trouvée dans un sable sol de forêt, la plus forte dans une terre récemment fumée. Voici au reste les divers résultats obtenus par ces auteurs :

NATURE des TERRES.	ACIDE CARBONIQUE dans 100 parties d'air confiné		VOLUME de l'air confiné dans un hectare.	VOLUME de l'acide carbonique contenu dans l'air d'un hectare.
	en volume.	en poids.		
			mètres cubes.	litres.
Terre récemment fumée. . .	2.27	3.42	824	18,695
Autre terre récemment fumée.	9.78	14.18	824	80,543
Champ de carottes.	1.00	1.40	813	8,134
Vigne.	0.96	1.45	988	9,488
Forêt de Goersdorf.	0.86	1.30	412	3,540
Loam sous-sol de la forêt. . .	0.83	1.28	247	2,051
Sable sous-sol de la forêt. . .	0.24	0.37	309	741
Asperges anciennem. fumées.	0.80	1.21	817	6,538
Asperges récemment fumées.	1.54	2.33	817	12,586
Sol très-riche en terreau. . .	3.63	5.44	1,472	53,437
Champ de betterave.	0.86	1.31	823	7,083
Champ de luzerne.	0.83	1.26	772	6,408
Champ de topinambour. . .	0.67	1.01	721	4,828
Prairie.	0.79	3.71	566	10,139

131. A mesure de sa formation le gaz acide carbonique doit s'écouler au dehors et ne reste pas indéfiniment dans le sol. Cet écoulement, favorisé par la filtra-

tion des eaux, l'est aussi par la perméabilité du sol et
par les labours qui, en lui ouvrant une issue et en dé-
gagant le terreau de son contact, facilitent l'accès de
l'oxygène qui hâte sa fermentation et sa destruction au
profit des récoltes, si ces labours sont bien entendus,
mais à leur détriment s'ils sont intempestifs. Cet acide
carbonique dégagé du sol se répand lentement dans l'atmosphère, et est absorbé en grande partie par les stomates des feuilles sous l'influence de la lumière. Il serait
intéressant de doser l'air près du sol, entre les tiges des
plantes, sous l'abri des feuilles, pour le comparer à l'air
ambiant, il est probable qu'on le trouverait d'autant plus
abondant en acide carbonique que la végétation plus
active annoncerait plus de richesse dans le sol.

132. L'acide carbonique du sol, dissous par l'humidité, est absorbé par les radicelles et mêlé à la séve. On
pourrait penser que la plante y trouve une grande partie de carbone qu'elle assimile, nous avons dit ailleurs
[29] qu'il n'ajoute rien à la masse de la plante, se déga-
geant entièrement dans l'atmosphère par l'évaporation
de l'eau à laquelle il est mêlé. Dans une expérience qui
a duré un mois et où deux lots de 10 grains de blé
ont été cultivés dans du sable quartzeux pur, l'un a été
arrosé avec de l'eau distillée, l'autre avec de l'eau saturée d'acide carbonique; ce dernier lot a constamment
présenté une meilleure apparence, des organes foliacés
plus étendus, il a crû avec plus de rapidité; mais après
avoir desséché les plantes de l'un et de l'autre lot, on a
trouvé qu'elles pesaient presque exactement le même
poids. Ainsi le gaz acide carbonique du sol est un véhi-

cule plutôt qu'un aliment, il facilite la circulation, étend les cellules des feuilles comme pour augmenter leur surface d'évaporation, mais il n'est pas assimilé.

133. Pour se faire une idée de la quantité d'acide carbonique qui passe dans les plantes, quand dissous dans l'eau il est absorbé par les racines, il faut partir de cette base qu'un litre d'eau dissout à saturation 1ᵍ.9798 de ce gaz, et si nous nous rappelons qu'un hectare de luzerne évapore en un mois 13,560 kilogrammes d'eau, on voit que le gaz écoulé par cette voie pèserait 26ᵏ.816 en supposant que la séve en soit saturée. On voit quelle faible influence il aurait sur la production de 2,000 kilogrammes de foin sec, contenant 950 kilogrammes de carbone; on voit aussi combien serait insignifiante cette voie d'écoulement pour dégager le sol de l'acide qui s'y forme incessamment par la fermentation du terreau et que ce doit être par filtration lente à travers les pores du terrain qu'il doit nécessairement s'écouler.

134. Le sol contient plusieurs espèces de substances azotées, des débris organiques, de l'ammoniaque et des sels ammoniacaux, des sels nitreux. L'analyse de quelques terres faites par M. Payen au moyen de l'oxyde de cuivre, nous donne le total de l'azote qu'elles renferment, comme l'indique le tableau suivant :

	Azote pour 1 de terre en poids.
Terre de la Limagne d'Auvergne. . .	0.00320
— de Marville, près Saint-Denis . .	0.00220
— maraîchère de Paris.	0.00197
— noire de Russie (Tchernoyzen). .	0.00170
— bolbène de Toulouse.	0.00070

Nous ne pouvons faire usage ici des résultats de M. Crocker obtenus par le mélange de la chaux à la terre, méthode qui ne sépare que l'ammoniaque (1).

135. Ici revient encore la question que nous nous sommes faite plus haut [114]. Quelle est l'origine de cette quantité considérable de matières organiques que renferme le sol? A-t-elle une source constante de renouvellement qui puisse faire croire à sa perpétuité? Si ce n'est dans les terrains habituellement couverts par des alluvions, il semble difficile d'admettre que les moyens extérieurs connus puissent accumuler de telles masses de substances azotées sur certaines terres, tandis que d'autres en sont complétement privées. Dans les exemples que nous venons de citer, la terre de la Limagne d'Auvergne contient 12,800 kilogrammes d'azote par hectare; or, la dépouille annuelle d'une forêt ne donne que 31 kilogrammes d'azote, et 15 hectolitres de blé n'en fournissent que 30 kilogrammes; il faudrait donc que 353 récoltes de bois ou 426 de blé se fussent accumulées sans altération dans le terrain pour fournir cette quantité, supposition tout à fait improbable. Il faut donc en revenir, comme nous l'avons fait plus haut [114], à conjecturer que le terreau normal du sol est une formation d'un âge fort ancien; et ce qui le rend plus probable, c'est que les grands dépôts de terreau affectent les mêmes allures que les dépôts carbonifères. Ils occupent des espaces circonscrits et couvrent de vastes territoi-

---

(1) *Annalen der Chimie*, t. LVIII.

res, c'est ce que l'on voit en Auvergne et en Russie où le tchernoyzen, dans lequel M. Murchisson a cru reconnaître une accumulation sous-marine, s'étend sur des espaces immenses, qui peuvent avoir été occupés par des lacs ou des marécages qui unissaient la mer Noire aux mers du Nord, et dans lesquels a eu lieu une longue succession de végétations de plantes marécageuses ; on peut en outre citer dans chaque contrée, de ces bassins, de ces gisements tourbeux indépendants des dépôts actuels des eaux, et qui présentent cette matière organique dans des circonstances analogues entre elles.

136. Mais dans quel état se trouvent toutes ces matières azotées, pour qu'il soit encore nécessaire d'ajouter au sol d'autres matières azotées si l'on veut obtenir des récoltes abondantes ; voilà la terre de Marville dont les substances azotées dosent 8,800 kilogrammes d'azote par hectare pris à $\frac{1}{3}$ de mètre de profondeur : comment une fumure de 120 kilogrammes d'azote peut-elle y avoir les effets si considérables qu'on lui voit produire ? Il faut pour cela que ces substances se trouvent dans le sol sous des combinaisons ou des confinements tels qu'elles ne puissent être dissoutes ; ainsi, dans les terres de Versailles [126], l'eau ne dissout que 1,158 kilogrammes d'humus, contenant $17^k.37$ d'azote, c'est-à-dire, ce qui suffit pour alimenter une récolte de $8^h.68$ de froment, et quand on obtient 40 hectolitres, on conçoit qu'un engrais contenant 120 kilogrammes d'azote dont une partie au moins est soluble, puisse être nécessaire pour fournir 80 kilogrammes d'azote à cette végétation vigoureuse.

137. Cependant ces substances azotées existent dans le sol, l'analyse le démontre. Quelle est la cause qui les rend latentes? Les agriculteurs savent que les premières fumures appliquées aux terres argileuses pauvres sont sans effet sur les récoltes, et que ce n'est qu'après plusieurs fumures consécutives qu'on éprouve toute l'efficacité de l'engrais, cela devrait mettre déjà sur la voie de la faculté attractive de l'argile par les substances fertilisantes. Berard avait montré avec quelle avidité l'argile brûlée absorbait l'ammoniaque; Liebig pensait même qu'il se formait des sels alumineux, dans lesquels l'ammoniaque jouait le rôle de base (1); les expériences de Way ont mis cette propriété hors de doute. Les eaux les plus corrompues, l'urine putréfiée, l'eau fétide du rouissage du lin, donnent des eaux potables après avoir coulé à travers une couche d'argile de 30 centimètres d'épaisseur. L'argile ne retient pas seulement l'ammoniaque, mais la chaux contenue dans l'eau de chaux; les solutions de sels de chaux, de magnésie, de potasse, de soude, y peuvent laisser leurs bases, et l'on ne trouve plus que les acides dans l'eau de filtration. — L'argile peut absorber 1 pour 100 de son poids de potasse et autant en proportions des autres bases. Cette propriété de cette terre tient-elle à l'affinité de l'alumine pour ces matières, affinité si remarquable quand elle se manifeste dans la teinture sur les matières colorantes, ou opère-t-elle mécaniquement à la manière de la gélatine

(1) *Introduction à la chimie organique*, p. cix.

et du blanc d'œuf, ou par sa porosité comme le charbon; ou enfin manifeste-t-il une action chimique qui forme des sels alumineux, comme le pense Liebig? Ce qui ferait pencher pour cette dernière opinion, c'est que si l'on ne trouve plus d'ammoniaque dans l'eau de filtration des drainages, il y est remplacé par de l'acide nitrique, ainsi que l'a fait voir M. Barral [140].

138. Nous avons montré plus haut [43] la propriété qu'a le fer oxydé de s'emparer aussi de l'ammoniaque; aux expériences citées, de Vauquelin et de Chevalier, nous devons ajouter que les argiles qui contiennent des oxydes de fer, rougies au feu et exposées à l'air, ne tardent pas à devenir de véritables engrais par l'absorption de l'ammoniaque de l'atmosphère et aussi par la formation de cette substance par les réactions chimiques de l'hydrogène et de l'azote gazeux (*Cours d'Agriculture*, t. I, p. 93). En un mot, la plupart des matières terreuses participent par leur porosité à cette propriété de condenser et de former de l'ammoniaque.

139. Il ne faut pas oublier d'ailleurs, avec quelle lenteur le sol laisse passer les gaz entre ses interstices, la quantité d'acide carbonique qui s'y trouve confinée [130] le démontre suffisamment. Mais en même temps que la fermentation produit cet acide, il se dégage des sels ammoniacaux : c'est ce que MM. Boussingault et Levy ont démontré, et ils ont constamment constaté la présence de $0^g.000032$ d'ammoniaque ou $0^g.000026$ d'azote dans 55 litres d'air confiné. Or, 1 mètre cube de terre arable contient 232 litres de cet air, nous aurons donc pour un hectare pris à $\frac{1}{3}$ de mètre de profondeur $3^k.64$

7

d'azote et $4^k.48$ d'ammoniaque (1), quantité toute disponible, pouvant servir à l'alimentation des végétaux.

140. Mais la plus grande partie des substances azotées du sol se trouve à l'état insoluble, parce que ce sont des principes organiques qui n'ont pas encore éprouvé les effets de la fermentation. On sait que le terreau, après avoir été dépouillé de son humus par le lavage, en fournit incessamment du nouveau jusqu'à ce qu'il soit épuisé. Avant d'avoir subi la fermentation, il renferme 0.024 d'azote; ainsi la terre noire de Russie, qui contient 0.0695 de terreau (*Cours d'Agriculture*, t. 1, p. 277), présente au moins 0.002224 d'azote; si cette terre pèse 400 kilogrammes le tiers du mètre cube, nous aurions pour un hectare à la profondeur de $\frac{1}{3}$ de mètre 8,896 kilogrammes d'azote; l'analyse en démontrait 6,800 kilogrammes (2). C'est qu'en effet la plus grande partie des substances azotées se trouvent encore à l'état d'insolubilité, car les récoltes ordinaires de 25 hectolitres de blé qui sont fournis par cette nature du sol n'indiquent pas plus de 50 kilogrammes d'azote dans l'humus soluble. Les expériences de M. Barral sur les eaux d'écoulement obtenues par le drainage semblent le mettre hors de doute, en signalant des circonstances où ces substances se manifestent clairement. Il avait trouvé que ces eaux contenaient cinq fois moins d'ammoniaque que les eaux de pluie (3), ce résultat con-

---

(1) *Comptes rendus*, t. xxxv, p. 770, 773.

(2) 1 kilogr. de terre contient $0^k,00170$ d'azote [134].

(3) *Manuel de Drainage*, p. 731.

cordait avec celui que M. Way avait obtenu en Angleterre (1); mais ayant cherché ensuite si elle ne contenait
pas de l'acide azotique, il trouva que sa quantité était
douze fois plus grande que dans l'eau de pluie (2).
Il était donc évident que ces eaux aérées et chargées
d'ammoniaque dont on avait reconnu la disparition,
avaient agi sur des matières qui s'étaient décomposées
et en présence de l'ammoniaque avaient formé l'acide
azotique, selon les vues indiquées par M. Kuhlmann (3).
Tous les faits que nous venons de signaler ne laissent
pas douter que les substances azotées du sol ne soient
en effet des substances organiques, mises à l'abri de
la fermentation, qui restent inertes pour la végétation
quand elles sont dans cet état, et qui ne deviennent
actives que quand, par des réactions de différentes
espèces, on est parvenu à provoquer leur décomposition.

141. Quelque considérable que soit la masse de terreau accumulée dans le sol, qui ne serait effrayé de sa
rapide consommation, s'il devait seul fournir à l'alimentation des récoltes! Ainsi cette terre noire de Russie
dotée de 6,800 kilogrammes d'azote par hectare, aurait
été épuisée par 136 récoltes de 25 hectolitres par hectare, telle que celle que l'on y fait annuellement, cependant ce terrain ne paraît pas s'appauvrir sensiblement;
il faut donc qu'il y ait une autre source d'alimentation

---

(1) *Journal de la Société d'Agriculture d'Angleterre*, t. x, p. 121.
(2) *Manuel de Drainage*, p. 736.
(3) *Expériences d'agriculture*, p. 6 et suiv.

7.

qui concoure avec le terreau préexistant pour fournir la nourriture aux plantes. Un autre fait vient encore fortifier cette induction. Dans les parties méridionales de l'Italie, en Sicile, en Espagne, en Asie, en Afrique, et encore quelquefois en France, on trouve des terrains qui portent des récoltes de 9 hectolitres de blé, avec une année de repos intermédiaire, et cela de temps immémorial, sans recevoir aucune espèce d'engrais : car la culture n'a pas cessé dans plusieurs de ces terres depuis la civilisation antique, qui elle-même, si l'on en juge par ses livres agronomiques, faisait peu d'usage du fumier. Si donc, dans ceux de ces terrains, non sujets à être couverts par des alluvions, il reste quelque trace de terreau, il ne provient pas d'engrais proprement dits, mais seulement des chaumes, des racines et des plantes adventices abandonnées sur le sol. Ici, il n'y a pas moyen de nier qu'il n'y ait quelques sources constantes de matières azotées, restituant périodiquement au terrain ce que lui enlèvent les récoltes.

142. Dans le siècle dernier, Bergmann avait trouvé des traces d'acide azotique dans l'eau de pluie. Brandes analysa les eaux de pluie et y trouva des sels ammoniacaux, des chlorures, des sulfates, des carbonates et différentes bases alcalines et terreuses. Toutes ces matières formaient un résidu sec de 31 millièmes du poids des eaux. Zimmermann à Giessen, puis Liebig, reprirent ces travaux ; celui-ci ne trouva que rarement de l'acide azotique et seulement dans les pluies d'orage, mais il constata la présence de l'ammoniaque dans toutes les eaux de pluies, et il avança que ces eaux amenaient

sur la terre une quantité assez grande de cette substance pour suffire à l'alimentation des récoltes.

143. Depuis cette époque, on a fait plusieurs analyses des eaux de pluie; MM. Chatin et Marchand y ont trouvé du brôme et de l'iode, puis H. B. Jones reconnut de nouveau la présence de l'acide azotique sans le doser. Ce n'est qu'en 1851 que commencèrent les recherches suivies de M. Barral, qui trouva dans les eaux de pluie les quantités des substances suivantes supposées réparties sur un hectare de terrain :

Ammoniaque. . .	12k.931	Dose d'azote.	10k.07
Acide azotique. .	45k.319	—	10k.10
			20k.77 (1)

144. A son tour, M. Boussingault, voulant se mettre à l'abri de l'objection que l'on pouvait faire à M. Barral, celle d'opérer sur l'eau de pluie recueillie à Paris, au sein d'une atmosphère remplie des émanations d'une grande ville, en institua de nouvelles à la campagne, en Alsace. Du 26 mai au 16 novembre 1853, il a exécuté 137 analyses d'eaux de pluies sur les eaux de 75 pluies. Il a constaté qu'après une forte sécheresse la pluie est plus riche en ammoniaque que celle qui tombe par intermittence dans une saison pluvieuse; qu'elle l'est plus au commencement qu'à la fin de la pluie, et qu'ainsi sa quantité est relativement plus faible dans

(1) *Mémoires des Savants étrangers*, t. XII, et *Comptes rendus*, t. XXXV, p. 430.

les pluies abondantes, de sorte qu'une chute d'eau
de 20 à 30 millimètres donnant 0.41 milligrammes par
litre, celles de $0^{mm}.5$ donneront 3.11 milligrammes. L'u-
domètre ayant reçu en totalité 1,750 litres d'eau, il s'y
trouva $1^g.893$ d'ammoniaque, par conséquent, 1 mil-
ligramme par litre. Ainsi la pluie moyenne étant en
Alsace de 680 millimètres d'eau, l'hectare de terre rece-
vrait $6^k.81$ d'ammoniaque, la moitié environ seulement
de ce que M. Barral a trouvé à Paris. La rosée contient
4 à 5 milligrammes d'ammoniaque par litre, et l'eau des
brouillards de 2 à 50 milligrammes aussi par litre ; mais
à Paris, le 23 janvier 1854, M. Boussingault a trouvé
138 milligrammes d'ammoniaque au litre de cette eau.
Il reste à regretter qu'il n'ait pas aussi dosé les azotates
de ces eaux météoriques, qui, selon M. Barral, sont en
quantité plus considérable que le carbonate d'ammoniaque, et d'un effet d'autant plus important, que ce sel est
plus stable [44].

145. Une autre source du renouvellement de l'azote
du sol pourrait se trouver dans l'action des corps poreux
sur l'air humide pour y former de l'ammoniaque. Mulder
ayant mis dans un bocal de l'acide humique préparé
avec du sucre et de l'acide chlorhydrique, trouva qu'il
dégageait de l'ammoniaque au bout de six mois de séjour ; nous avons trouvé de l'ammoniaque dans l'argile
brûlée laissée en contact avec l'air ; enfin, le phénomène
encore incomplétement expliqué de la nitrification des
roches poreuses en l'absence de matières organiques
ouvre un vaste champ de recherches sur ces combinaisons de l'azote de l'air, sur celui dissous dans l'eau avec

l'hydrogène naissant, et sur la conversion de l'ammoniaque en nitrate. (*Cours d'Agriculture*, t. I, p. 122) (1).

146. Le sol contient souvent des sulfates terreux ou
alcalins : le terreau en contient toujours, enfin nous
avons vu [137] que les eaux pluviales en fournissent
toujours au delà des besoins de la plupart des plantes.

147. Comme le soufre, le phosphore n'entre que pour
une petite quantité dans l'organisation végétale, à peine
pour un 500ᵉ du poids des plantes, mais l'un et l'autre
paraissent d'une indispensable nécessité, si l'on en juge
par l'élan que l'application de ces substances produit
sur la végétation dans les terrains où ils sont rares et
ceux où ils manquent. Nous trouvons des phosphates de
chaux et de magnésie dans presque tous les terrains calcaires secondaires; on se l'explique facilement, quand
on pense à la quantité des débris de mollusques et d'autres animaux qu'ils renferment. On trouve aussi des phosphates dans les terrains plutoniques. L'apatite (phosphate
de chaux) accompagne souvent les granites, les basaltes,
les schistes argileux, etc.; beaucoup d'eaux minérales
tiennent des phosphates en dissolution; le terreau étant
composé de débris organiques offre aussi des combinaisons phosphorées aux plantes; enfin, si l'on finit par
trouver dans l'eau de pluie toutes les substances qui sont
dissoutes dans l'eau de mer, on devra aussi y trouver des
phosphates. Mais comme celle-ci n'en contient qu'une
faible quantité (2), on ne peut guère compter que cette

(1) Kuhlmann, *Expériences chimiques*, p. 5 et suiv.
(2) Liebig, p. 172.

source soit assez abondante pour compenser les pertes
occasionnées au terrain par la récolte.

148. Les argiles sont des silicates à base d'alumine et
d'alcalis, mêlés ensemble à différentes proportions. De
sorte qu'il y a des argiles riches en alcalis, et d'autres qui
en sont presque complétement dépouillées. Les roches
qui contiennent beaucoup d'alcalis comme le feldspath,
qui en a 18 à 19 pour 100, le basalte, 1 à 5 pour 100, les
schistes argileux, 2 à 4 pour 100, transmettent ces alcalis
aux argiles qui proviennent de leur décomposition,
quand elle n'a pas été accompagnée de transports et
de lavages, surtout avec des eaux acidulées. M. Kuhlmann a trouvé des alcalis dans toutes les terres calcaires qu'il a examinées et dans un grand nombre de
substances siliceuses ; les cendres volcaniques et tous
les terrains qui avoisinent les volcans sont très-riches en
alcalis ; les sols d'atterrissement des côtes en présentent
aussi des proportions considérables. Ordinairement les
deux alcalis se trouvent mélangés quoiqu'en proportions différentes. La potasse, qui est l'alcali prédominant
de la plupart des végétaux, est beaucoup moins abondante
que la soude dans le règne minéral.

149. Les silicates sont décomposés par une forte chaleur; c'est ainsi que les volcans les mettent dans un
état qui rend facile la séparation de la silice et des alcalis. L'écobuage ou le brûlement des terres argileuses
produit le même effet sur les parties de ces terres qui
sont atteintes de leur feu le plus vif. Les silicates sont
aussi attaqués par les eaux chargées d'acide carbonique,
ce qui arrive à toutes celles qui ont séjourné dans la terre

pour peu qu'elles contiennent du terreau [125]. Ces différentes menstrues agissent sur la surface des particules
de l'argile; ainsi la terre fournit des alcalis solubles en
proportion des degrés d'atténuation de ces particules.
On ne peut donc compter sur une analyse où l'on pulvé-
rise la terre dans un mortier et où on la soumet à de
violentes réactions, pour juger de la quantité d'alcalis
actuellement disponibles pour une récolte; ce n'est que
par la lessivation de la terre que l'on parvient à la connaître. Mais aussi nous savons que l'on facilitera la solubilité de l'alcali qui se trouve dans le sol à l'état insoluble par tout ce qui désagrégera le sol : les labours,
la gelée, l'écobuage, qui atténuent la grosseur de particules et accroissent les surfaces attaquables des silicates
alcalins.

150. Les eaux pluviales renferment de grandes quantités de sels alcalins. M. Isidore Pierre a trouvé dans
les eaux de pluies recueillies à Caen, pendant dix-sept
jours du mois de mars 1851, un résidu salin pesant les
0.026 de l'eau ; pouvant donner dans l'année, par hectare, 60 kilogrammes de chlorure dont les $\frac{3}{4}$ à l'état de
sel marin, plus 33 kilogrammes de sulfates divers contenant plus de la moitié de leur poids d'acide sulfurique ;
sels suffisants pour fournir à trois récoltes de betteraves, dix d'avoines et vingt-cinq de froment (1).

151. La chaux est la base d'un grand nombre de
roches, les terrains anciens et les alluvions qui en pro-

---

(1) *Annales agronomiques,* 1851, p. 471.

viennent en sont souvent dépourvus. Il arrive aussi que des sols assez fortement calcaires situés sur des pentes surmontées par des cimes boisées ou herbeuses, d'où découlent des eaux fortement imprégnées d'acide carbonique, sont dépouillées progressivement de leur carbonate de chaux par ces lavages qui rendent cette substance soluble. On a des exemples remarquables de ce phénomène autour de la grande Chartreuse de Grenoble, où des terrains, formés de débris de roches calcaires siliceuses, ont fini par ne plus contenir que de la silice et de l'argile.

152. Cependant nous ne sachions pas que l'on eût jamais trouvé une plante complétement dépourvue de chaux, même quand elle avait crû sur le terrain qui n'en présentait pas trace. Alors on attribuait sa présence aux poussières répandues dans l'air avant qu'on ne l'eût reconnue dans les eaux de pluies; mais M. Isidore Pierre, ayant trouvé 26 kilogrammes de chaux dans celles qu'il a recueillies à Caen (1), cette quantité se trouve suffisante pour que les plantes ne soient pas privées de cette substance, si elle est insuffisante pour procurer de bonnes récoltes qui en absorbent des doses considérables.

153. Il en est de même de la magnésie. Beaucoup de terrains proviennent des débris de rocher qui en contiennent, mais elle manque à peu près absolument dans d'autres, et, cependant toutes les graines renferment

_____

(1) *Annales agronomiques*, ibid.

des phosphates de magnésie. Comme la dose en est petite, et que les eaux de mer et celles de pluies renferment des sels magnésiens, il est probable que c'est à cette source que les plantes prennent la magnésie qui leur est nécessaire quand le sol ne le leur fournit pas.

154. Il est presque inutile de demander l'origine du fer qui entre dans l'alimentation des plantes, quand on sait que c'est lui qui colore les terres, et que l'on observe l'infinie variété des teintes de nos champs, depuis le rouge foncé jusqu'au jaune clair, et la rareté de ceux qui sont d'une complète blancheur, lesquels, du reste, sont classés parmi les moins fertiles. L'eau acidulée et la matière sucrée de l'humus dissolvent les oxydes de fer.

155. L'absence de la silice dans les terres arables est un exemple bien rare. On y trouve cette substance sous plusieurs formes : 1° dans son état le plus simple, celui d'acide silicique, on le connaît sous le nom de quartz de cristal de roche, de sable siliceux. L'acide silicique est insoluble dans l'eau et dans les acides minéraux les plus forts. C'est seulement sous l'action des alcalis et à une haute température qu'on parvient à le dissoudre. 2° Les silicates alcalins et terreux sont attaqués par l'eau chargée d'acide carbonique, puis l'eau sucrée. Ces différents silicates se trouvent principalement dans ces mélanges de silicates divers que l'on appelle *argile*. Elle présente presque toujours à la fois des silicates d'alumine, de fer, de potasse et de soude. 3° Enfin, un grand nombre de sources contiennent la silice hydratée en solution et la transportent sur le champ qu'elles arrosent.

Cette silice après avoir été desséchée se redissout facilement dans les eaux alcalines et acidules.

156. Ainsi, dans la plupart des cas les plantes ne
manquent pas de silice. Cependant, il est des terrains
quartzeux, pauvres en humus, et des terrains calcaires
où les céréales qui exigent beaucoup de silice en manquent et versent, faute de pouvoir former cet épiderme
siliceux qui leur sert d'étui, qui constitue leur solidité et
leur donne la force de se maintenir debout. On s'assure
de la cause de cet accident en incinérant les pailles qui,
dans le froment, par exemple, doivent contenir de 60 à
72 pour 100 de silice à l'état normal. Une dose notable-
ment inférieure dans le blé versé indiquerait la nécessité de pourvoir artificiellement à ce déficit, ou de ne
cultiver dans un tel terrain que des plantes peu avides
de silice.

CHAPITRE VI.

Consommation alimentaire des végétaux.

157. Nous avons vu [84, 132] que les plantes puisent dans l'atmosphère la plus grande partie de leur carbone et de leur oxygène; une autre partie de leur oxygène et leur hydrogène provient probablement de la décomposition de l'eau puisée dans le sol ou absorbée par les feuilles [39]; leur azote leur est fourni par le sol, excepté les faibles parties d'ammoniaque qu'elles peuvent aspirer dans l'air atmosphérique; enfin, toutes leurs matières fixes sont aussi puisées dans le sol, si ce n'est quelques poussières répandues dans l'air et dissoutes dans la rosée.

158. Voyons cependant comment les plantes pourront recevoir les matériaux de nutritions qu'elles exigent. Prenons, comme exemple très-favorable quant au rôle que joue le sol dans cet approvisionnement, les terres du domaine de Versailles. Nous trouvons dans ses parties solubles 19.2 kilogrammes d'azote, et 519 kilogrammes de matières fixes [126], et dans 100 kilogrammes de froment nous avons 2.99 d'azote ou 15.31

de matières fixes. Ainsi, ces terres fourniraient l'azote nécessaire à 642 kilogrammes de froment, tandis que les matières fixes solubles fourniraient à 3,282 kilogrammes de cette denrée. Ce premier coup d'œil nous montre que ce sont les substances azotées qui font défaut les premières. Or, quand plusieurs principes sont nécessaires à l'existence d'un être vivant et qu'ils ne sont pas tous fournis en proportion de ses besoins, c'est du principe le plus rare qu'il faut surtout se préoccuper. Dans un navire approvisionné abondamment de vivres, mais n'ayant qu'une faible provision d'eau, le nombre de jours que l'on pourrait tenir la mer au moyen de vivres sera indifférent, mais on devra compter les jours de traversée par celui des rations d'eau. Dans les cultures de blés ce n'est pas non plus sur 3,284 kilogrammes que nous devons compter, mais seulement sur 642 kilogrammes, et pour en obtenir une quantité calculée sur les matières fixes dont on dispose, il faudra fournir de l'azote jusqu'à la concurrence de 98 kilogrammes. Dans ce raisonnement nous supposons que les matières fixes elles-mêmes contiennent toutes les substances nécessaires à 3,282 kilogrammes de blé; nous examinons plus loin la question sous ce nouveau point de vue.

159. Portons maintenant notre attention sur un autre genre de végétal. Voici un hectare de luzerne qui a produit en cinq ans 64,000 kilogrammes de fourrage, et avec ses racines et ses débris 122,354 kilogrammes de matière sèche (*Cours d'Agriculture*, t. IV, p. 630), savoir :

Matières fixes	9,054^k.20
Matières combustibles. . . .	111,323^k.80
Azote.	1,976^k.00
	122,354^k.00

A quelle source cette plante peut-elle avoir puisé ces matériaux? 1.° L'humus n'a pu lui fournir annuellement que 19^k.20 d'azote qui, renouvelés cinq fois par la fermentation du terreau, ne donneraient pourtant que 72^k.5 d'azote; 2° pendant cinq ans la terre a reçu de l'ammoniaque des eaux de pluie, 6.81 d'azote par an [144] et, par conséquent, 34^k.05; 3° au moment de semer la luzerne on a appliqué à la terre un engrais contenant 850 kilogrammes d'azote; 4° pendant la végétation, et au moment de la fenaison, les folioles tombées lui ont laissé un engrais facilement décomposable, contenant 420 kilogrammes d'azote. Ainsi la luzerne pouvait disposer de :

Azote de l'humus.	72^k.50
— de l'ammoniaque des pluies.	31^k.05
— des fumiers.	850^k.00
— des débris divers. . . .	420^k.00
	1,376^k.55
L'azote des récoltes a été de . .	1,976^k.00
Reste à trouver.	599^k.45

supposant toutefois que le terrain fût épuisé après la récolte de luzerne, ce qui est fort loin d'être exact.

160. Où chercher cette énorme quantité d'azote que nous trouvons en plus dans les plantes? Ce n'est pas,

certes, dans l'atmosphère, quand nous savons la faible
dose d'ammoniaque qu'elle renferme, mais nous savons
aussi qu'avec la matière azotée soluble, la terre possède
une richesse latente, souvent considérable, qui ne se
révèle qu'au moyen d'analyses les plus énergiques;
qu'ainsi dans la terre de Marville, par exemple, nous
avons 8,800 kilogrammes d'azote par hectare [134].
Cette richesse est intimement liée au sol, soit par des
combinaisons chimiques, soit par l'état de ses matériaux organiques non décomposés, soit par condensa-
tion dans les pores du terrain. Mais quand on pense à
la puissance d'un peu d'acide carbonique, à celle des alcalis, à celle d'un peu de matière sucrée pour dissoudre
les matières les plus dures, on peut concevoir que les
racines des plantes, qui, dans les légumineuses et quelques autres familles qui passent pour améliorantes,
sont des réservoirs de matières sucrées, puissent par des
excrétions de cette nature qui auraient lieu à l'extrémité
de leurs radicelles, ou par toute autre affinité ou action
catalytique attaquer ces matières azotées, et que cette
action soit d'autant plus forte que la végétation est
plus vigoureuse.

161. Nous trouvons, en effet, que l'emprunt fait à la
terre est d'autant plus faible, que les plantes, moins se-
condées dans leur jeunesse par des engrais solubles,
ont une constitution moins forte, et qu'il s'accroît avec
la force que des engrais plus riches lui communiquent.
La luzerne de Gilbert (*Cours d'Agriculture*, t. IV, p. 432)
produisait seulement 6,619 kilogrammes de foin en
quatre ans, pesait avec ses racines 11,400 kilogrammes,

et dosait 205 kilogrammes d'azote. Elle avait eu à sa disposition :

3 années d'humus.	21^k.70 d'azote.
Eau pluviale de 4 ans. . . .	27^k.20
Folioles desséchées.	43^k.00
Fumier.	108^k.00
	199^k.90
Ce qui ôté de. .	205^k.00
Donne. . . .	5^k.10

Ainsi, cette luzerne avait pu ne prendre à la terre qu'une quantité insensible de son azote latent.

162. Autre exemple : Dans une luzerne citée par M. Crud (*Cours d'Agriculture,* t. IV, p. 132), nous avons :

4 années d'humus.	35^k.50
5 années de pluie.	27^k.20
Folioles..	285^k.00
Fumier..	224^k.00
	571^k.70

La somme des récoltes a été de 44,020 kilogrammes de foin, dosant avec les racines 983 kilogrammes d'azote. Ainsi donc, il y a eu 421 kilogrammes d'azote enlevés aux substances organiques du sol. Nous pouvons donc en conclure qu'avec de pauvres luzernes, il n'y a point d'action sur le terreau insoluble ; mais avec des luzernes disposant d'un engrais dosant 199 kilogrammes d'azote, il y a $\frac{421}{440} = 0^k.96$ d'azote mis en liberté pour 100 kilogrammes de fourrage ; et avec une luzerne disposant de 1,376 kilogrammes d'azote, il y a $\frac{599}{640} = 0^k.93$

8

d'azote pour 100 kilogrammes de fourrage mis en liberté,
c'est-à-dire à peu près la même quantité dans les deux
derniers cas. On voit donc qu'il y a un degré de vigueur qui détermine les plantes à puiser dans le sol
une quantité d'azote supplémentaire considérable.

163. Ainsi il nous semble très probable qu'outre les
quantités de substances azotées solubles qu'elles ont à
leur portée, les plantes puisent dans les matières azotées insolubles une certaine quantité d'aliments quand
leur végétation est assez vigoureuse pour combattre et
vaincre, nous ne savons de quelle manière, les affinités
qui retiennent l'azote soit dans des composés organiques, soit dans leurs combinaisons avec des matières
minérales, soit enfin dans son confinement dans les
corps poreux.

164. En considérant que certaines plantes possèdent
plus éminemment que d'autres la faculté de s'emparer,
d'assimiler, et enfin de présenter dans leurs produits
une quantité de substance azotée plus grande que celle
qui est contenue dans les matières albuminoïdes ou ammoniacales solubles du sol et des engrais, on peut diviser les végétaux en deux classes : ceux qui possèdent
le plus distinctement cette propriété composent la première; ceux qui puisent tous leurs principes alimentaires dans les matières solubles contenues dans le sol
et dont l'analyse ne reproduit que l'équivalent de ces
matières, composent la seconde. La limite exacte qui
sépare ces deux classes ne nous semble pas possible à
déterminer, car une plante de la première classe et
d'une végétation faible, n'agit que sur les substances

déjà solubles, et, d'un autre côté, il nous a semblé
qu'une végétation vigoureuse des plantes de la seconde
classe la rendait susceptible de s'approprier même l'a-
zote latent du sol. C'est la conclusion que sembleraient
entraîner certaines récoltes extraordinaires de froment.
En général, les plantes de la première classe sont des
plantes vivaces ou bisannuelles, des arbres, des plantes
légumineuses, etc., en un mot, celles où une vaste
surface évaporante, comparativement à leur volume et
à leurs produits en semences, provoque et facilite une
abondante ascension de la séve, mais toujours sous
la condition que leur végétation initiale soit rendue
très-vigoureuse, dès leur naissance, par d'abondants aliments solubles.

165. On a appelé améliorantes les plantes de la première classe; elles le sont en effet, en mettant en circulation des principes azotés qui étaient dans un état
inerte. Ces plantes sont d'habiles mineurs qui tirent du
sol, séparent de sa gangue, le principe précieux qu'il
renferme. Elles améliorent la position de l'homme qui
les cultive, auquel elles fournissent des moyens de pro-
ductions nouvelles, mais c'est en épuisant la terre de sa
richesse latente. La différence que les cultivateurs in-
telligents mettent entre les sols qui ont porté longtemps
des végétaux de la première classe, la luzerne, la ga-
rance, la betterave même, et les terres vierges qui,
presque sans engrais, donnent abondamment dès l'a-
bord ces produits, qu'il faut leur arracher plus tard à
force d'engrais, est une manifestation pratique de cette
vérité. Faut-il s'arrêter à cette considération dans la

8.

crainte de déshériter la postérité et renoncer à la culture des plantes de la première classe? Il faudrait donc aussi arrêter l'extraction des métaux et des houilles pour laisser aux gnomes cette richesse que nous retirons à notre profit.

166. Mais ce n'est pas seulement la quantité totale des matières solubles qu'il faut considérer dans les rapports du sol à l'alimentation des plantes, c'est aussi la nature de ces matières. Une plante aura beau trouver la quantité d'ammoniaque qui lui est nécessaire, elle n'aura qu'une végétation maladive dans un sol en apparence fertile, si elle ne trouve en même temps les doses de phosphore, de soufre, d'alcalis, de chaux, de fer, de silice soluble, proportionnelles à cette quantité d'azote. Soit la terre de la Sablière, à Versailles [126], qui contient les matières solubles indiquées par la table suivante :

	100 DE TERRE.	PAR HECTARE, la terre pesant 500 k. le tiers de mètre cube.
Azote.	0.000384	19^k.20
Acide sulfurique. . .	0.001821	86^k.05
— phosphorique .	0.000517	25^k.85
— chlore. . . .	0.000242	12^k.10
Chaux.	0.004383	219^k.15
Magnésie	»	»
Alcalis.	0 001170	58^k.50
Silice.	0.002072	103^k.60
Fer et alumine. . .	0.000136	6^k.80
	0.010240	519^k.06

100 kilogr. de froment exigent :

Azote.	2ᵏ.99
Acide phosphorique.	1ᵏ.58
Chlorure.	0ᵏ,08
Chaux.	1ᵏ.25
Magnésie.	1ᵏ.07
Alcalis	2ᵏ.08
Silice.	9ᵏ.45
Fer et alumine.	0ᵏ.14
	18ᵏ.84

Ainsi, en comparant ces tableaux, nous trouvons que la quantité de froment que pourrait produire chacune de ces substances isolées avec le concours d'une même proportion des autres substances, serait la suivante :

Par l'azote.	640ᵏ de blé.
Par la silice	1,090
Par le phosphate	1,590
Par les alcalis.	2,810
Par le fer.	4,850
Par le chlorure.	15,120
Par l'acide sulfurique.. . . .	53,800

On voit que, dans le terrain très-siliceux que nous avons pris pour exemple, c'est la silice soluble qui manque le plus après l'azote, et pour obtenir une récolte de 2,340 kilogrammes de blé (30 hectolitres) par hectare, l'azote, la silice, le phosphate, manquent à des degrés différents.

167. Les mêmes difficultés se présentent pour la luzerne. Pendant sa durée de cinq ans, elle a produit 64,000 kilogrammes de foin, et un poids total de

122,354 kilogrammes de matières solides. Mais il faut
se rappeler que cette plante a des racines pivotantes
qu'elle enfonce très-profondément, et que l'on a vu
dans certains cas acquérir jusqu'à 16 mètres de lon-
gueur (*Cours d'Agriculture*, t. IV, p. 428). Or, quoique
la quantité de matière assimilable diminue avec la profondeur, cependant il en existe encore, sans compter
celle que doit mettre en liberté l'action des racines sur
les matières fixes, en s'emparant de leur ammoniaque
latente. La difficulté de s'approprier des matières solubles
dans les couches profondes, explique bien d'ailleurs comment la luzerne, aussi bien que les autres végétaux à
racines pivotantes, ne peuvent être cultivés de nouveau sur le même terrain, qu'après un intervalle de
temps assez long ; d'autant plus long, que les racines
pénètrent plus avant, au-dessous de la couche de terrain où se déposent les débris des végétaux et les engrais, dont les extraits entraînés par les eaux pluviales
doivent renouveler la richesse des couches inférieures.

168. En prenant pour base certaines analyses comme
nous l'avons fait dans le cours de ce chapitre, nous
n'avons nullement prétendu qu'elles représentassent la
composition invariable de la plante. Il y a des modifications à cette composition selon la vigueur des plantes,
leur idiosyncrasie, le sol où elles sont cultivées, les
substances solubles qu'il renferme.

C'est ainsi que dans la semence de la fève, cinq
analyses différentes nous donnent les cinq compositions
suivantes :

	Acide sulfurique.	Acide phosphoriq.	Chlore.	Alcali.	Chaux.	Silice.
1. De Saussure (1)..	»	18.90	»	25.00	»	»
2. De Saussure. . .	1.34	37.94	1.50	39.88	7.26	2.40
3. Bichers	1.00	25.67	0.75	47.14	5.33	0.51
4. Boussingault (1).	»	35.10	»	45.46	4.72	0.47
5. Buchner.	2.28	35.47	»	42.78	5.38	1.18

On voit ici que les différences de composition se renferment dans certaines limites, et que les mêmes substances conservent la même prépondérance dans chacune de ces analyses; mais on voit aussi qu'une plante ne serait pas absolument condamnée à périr, si elle ne trouvait pas la proportion maximum qui se trouve entre ses principes composants. Mais quand l'équilibre est trop fortement rompu, quand le déficit de quelques-uns de ces principes nécessaires est trop marqué, alors la plante ne mène qu'une vie pénible, imparfaite. La nature a de grandes ressources pour la conservation des espèces; elle amoindrira tous les autres organes, les rendra chétifs, pour arriver à produire quelques semences; on aura encore l'espèce, le végétal, on n'aura plus le produit. Quand un froment végète misérablement sur certains terrains argilo-siliceux dont on quadruple la récolte en lui appliquant de la marne et de la chaux, il est impossible de se refuser à croire qu'il existe une dose de chaux nécessaire à son complet développement. Il en est sans doute de même des autres principes. La statique agricole ne sera définitivement

(1) Analyses incomplètes.

établie que quand on aura constaté pour chaque végétal cette pondération entre tous les principes constituants; sa ration d'entretien, ses rations d'accroissement comme pour les animaux. Nous sommes encore bien éloignés de ce point que nous ne pouvons qu'indiquer.

169. Jusque-là, nous sommes réduits à faire une hypothèse qui se vérifie assez souvent pour qu'elle puisse nous servir dans la pratique, sans laisser trop de prise à l'erreur; c'est d'admettre qu'il existe et qu'il se forme dans le sol une quantité de matières fixes solubles, proportionnée à la quantité de matières azotées solubles qu'il contient. Cela veut dire, en d'autres termes, que nous supposons que les matières azotées de la terre et des engrais deviennent des ferments dont l'action est proportionnée à leur teneur en azote, et assez puissants pour convertir en dextrine, en matière sucrée, en acide carbonique, les éléments de ces substances, et à en faire des menstrues propres à dissoudre les matières fixes insolubles; et c'est ainsi que l'azote des matières azotées est devenu l'unité par laquelle on apprécie la fertilité, pourvu qu'on y joigne les autres principes qui manquent absolument au sol. C'est sur cette base que se fonde le calcul empirique des engrais.

CHAPITRE VII.

Des engrais.

170. On donne le nom *d'engrais* à toute substance que l'on administre aux plantes pour suppléer à l'insuffisance des principes alimentaires contenus dans le sol. On avait restreint, d'abord, la signification de ce mot aux seules substances organiques, mais depuis que les idées sur l'alimentation ont pris plus de généralité, depuis que l'on a vu que les différents principes qui entrent dans la composition d'un végétal, lui sont essentiels, quoique à des degrés différents; depuis aussi que l'on en a vu plusieurs, comme le phosphore et le soufre, se trouver également dans les substances organiques et dans les matières inorganiques, on a senti la nécessité d'étendre le nom d'engrais à toutes les matières des deux règnes, qui peuvent servir à l'alimentation du végétal, et l'on a réservé le nom *d'amendement* à celles qui sont destinées à modifier la constitution physique du sol. Sans doute quelques-unes de ces dernières contiennent aussi quelques principes alimentaires, mais on leur applique le nom d'engrais ou celui d'amendement, selon l'usage principal auquel on les destine :

engrais, si elles doivent faire partie de l'alimentation
du végétal; amendement, si leur rôle principal est de
modifier la structure du sol.

171. On pourrait donner le nom d'engrais *absolu* à
celui qui contiendrait à l'état soluble une quantité de
principes différents, suffisants pour alimenter une récolte *maximum* d'une plante quelconque, dans un sol
privé de tous ces principes. Pour se faire une idée de
la composition de cet engrais, voyons d'abord dans le
tableau suivant les principaux éléments d'une récolte
complète des plantes les plus exigeantes :

Plantes récoltées.	Récolte.	Azote.	Alcalis.	ACIDES sulfuriq.	ACIDES phosphor.	Chaux.	Silice.
	kilogr.	k.	k.	k.	k.	k.	k.
BLÉ.	3000	99.00	61.20	4.80	47.40	34.50	223.50
FÈVES.	2640	145.20	61.10	1.04	36.05	12.22	6.69
POMMES DE TERRE. } Tubercules. . . . . . {	29000	257.99	177.00	4.45	36.56	66.00	369.64
COLZA..	2856	136.78	117.16	29.39	73.57	45.36	16.24
TABAC . . . . } Feuilles, 3850. . . . { Tige et racines. . . .)	3850	406.56	198.00	4.50	35.40	408.00	105.49
TRÈFLE SEC.	8044	164.80	168.00	12.32	39.00	152.00	32.88
CHANVRE. . . . . . [Filasse. . . . . { 35,920 k. de plante sèc. }	1000	635.78	132.90	17.96	53.88	682.48	107.76

Quel sera l'engrais suffisant pour obtenir à volonté
une quelconque de ces récoltes? En cherchant le maximum de consommation de ces différents principes pour
les plus exigeantes, nous trouvons :

    Pour l'azote, par le chanvre. . . . . 635^k.78
    Pour les alcalis, par le tabac. . . . . 198^k.00
    Pour l'acide sulfurique, par le colza. . 29^k.29

Pour l'acide phosphorique, par le colza. 73^k.57
Pour la chaux, par le chanvre. . . . 682^k.48
Pour la silice, par la pomme de terre. . 369^k.64

Mais un engrais pareil, s'il était possible de le composer, nous laisserait des résidus considérables de diverses substances pour chacune de ces récoltes; ainsi il resterait après les récoltes suivantes :

Plantes récoltées	Azote.	Alcalis.	ACIDES		Chaux.	Silice.
			sulfuriq.	phosphor.		
	kilogr.	k.	k.	k.	k.	k.
Blé..	614.00	137.00	24.59	26.17	714.50	146.14
Fèves.	568.00	136.90	24.36	37.52	766.78	362.95
Pommes de terre. .	455.00	21.00	24.91	37.01	713.00	0.00
Colza.	576.62	80.84	0.00	0.00	733.64	353.10
Tabac..	306.84	0.00	24.89	38.17	371.00	264.15
Chanvre.	0.00	65.10	11.43	16.69	0.00	264.88

On voit qu'un pareil engrais ne profiterait jamais complétement à aucune des plantes que l'on cultiverait, laisserait trop de marge aux déperditions de différents genres qu'il éprouverait, en attendant qu'une nouvelle récolte vînt en absorber le superflu. Il est certain, d'ailleurs, que l'on ne cultive pas une terre dépourvue aussi entièrement de tout principe de fertilité, et que, dès lors, il faut tenir compte de la richesse acquise du sol, avant de lui appliquer des engrais.

172. C'est donc surtout un engrais *complémentaire* que l'on doit rechercher, engrais qui varie nécessairement selon le sol et l'espèce de plante cultivée. L'art de l'agriculture n'est pas encore arrivé à ce degré de perfection qui mesure l'aliment à la plante, comme on le fait à l'animal. Dans la pratique, on suppléera à l'exactitude scientifique par des tâtonnements qui con-

duiront à des résultats plus ou moins approximatifs ; mais ici c'est de l'exactitude scientifique que nous devons approcher.

173. On se tromperait beaucoup si l'on croyait pouvoir connaître les éléments dont se doit composer un engrais complémentaire, par la seule analyse des plantes. Ce terrain, que la combustion nous signale comme riche en terreau, pourra ne contenir qu'une faible quantité de matières fixes solubles. Sera-t-il nécessaire de faire entrer dans l'engrais toutes celles dont la plante peut avoir besoin? Nullement. Il suffit qu'elles existent à l'état insoluble dans le sol (*voyez* l'Analyse qualitative des terrains, *Appendice* n° 1); ajoutez alors seulement les matières fixes qui lui manquent, et des matières albumineuses servant de ferment. Une partie de terreau entrera en fermentation, et, si après quelque temps vous renouvelez l'analyse de l'humus, vous serez tout surpris d'y trouver une grande partie de matières fixes que vous n'avez pas ajoutées à l'engrais. Il s'est donc formé des substances douées de la faculté dissolvante qui ont suffi pour rendre solubles les matières minérales qui les entouraient (*Analyse de l'humus,* Appendice n° 2). Nous avons constaté cet effet dans l'application des tourteaux ; leur mélange avec de la silice quartzeuse, du carbonate, du sulfate, du phosphate de chaux insolubles, nous a donné des solutions de ces substances après la fermentation de la masse. On n'expliquerait pas sans cela les récoltes produites par les matières azotées, et qui absorbent bien au delà des matières fixes, actuellement solubles dans le sol.

174. Mais aussi ces engrais azotés agissent en hâtant la destruction du terreau. Nous aurions donc raison de réserver le nom d'engrais *complet* à celui qui, après avoir procuré une récolte *maximum*, laisserait la terre aussi bien pourvue de matières susceptibles de fermenter qu'elle l'était avant son application, et d'engrais *incomplet* à celui qui, procurant une récolte égale, enlèverait au sol une partie de ses substances ternaires (ligneux, cellulose, dextrine, etc.), ou de ses substances minérales sans les remplacer, et qui par la continuité de son emploi verrait diminuer ses effets à chaque récolte, à défaut de matières sur lesquelles il pût agir pour reconstituer l'humus, ou à défaut de substances sur lesquelles l'humus pût agir pour les rendre solubles.

175. Suit-il de là qu'on ne doive jamais employer un engrais incomplet? Non sans doute. Si le sol contient en réserve une quantité considérable de terreau et de substances minérales, alors l'emploi des engrais purement et principalement azotés hâtera la décomposition du terreau au profit des récoltes, et c'est un emploi utile aussi bien à ces récoltes qu'au terrain lui-même. L'art de l'agriculteur est de connaître les justes limites de l'usage qu'il doit faire de ces ressources et l'expérience habituelle peut l'en instruire.

176. Prenons pour exemple ce qui se passe dans la culture du blé; sa composition nous présente les proportions suivantes, pour 100 kilogrammes de blé sec et 200 kilogrammes de paille qui l'accompagnent :

Substances albuminoïdes. . . . 18^k.75
—   ternaires. . . . . . 264^k.30
Matières fixes. . . . . 16^k.95
————————————
300^k.00

Mais les substances ternaires formées de carbone,
d'hydrogène et d'oxygène ont été fournies en plus
grande partie par l'atmosphère, la terre n'a donné que la
partie de l'humus qui a servi de menstrue aux matières
fixes et qui en forme les $\frac{46}{100}$ [126], nous n'avons donc à
demander au sol que :

Substances albuminoïdes. . . . 18^k.75
—   ternaires. . . . . . 14^k.13
Matières fixes. . . . . 16^k.96
————————————
49^k.86

177. Les terres de Versailles réputées fertiles ne contiennent que 0^k.128 d'humus sec par mètre carré à $\frac{1}{3}$ de
mètre de profondeur [126], renfermant 1.50 pour 100
d'azote et 19^k.20 d'azote et 120 kilogrammes de matières albuminoïdes, c'est ce qui peut suffire à une récolte
de 640 kilogrammes de blé seulement; il est donc bien
évident que, dans une culture énergique, il faudra employer des engrais complémentaires. Dans ces terres,
les trois ordres de substances se trouvent dans les
proportions suivantes, en prenant pour point de départ
la quantité d'engrais azoté nécessaire pour produire
100 kilogrammes de blé, savoir :

Substances albuminoïdes. . . .		18^k.75
— ternaires.		94^k.77
— fixes.		107^k.73
		218^k.25

On voit qu'il y a excédant de matières fixes et ternaires.

178. Le fumier de ferme que nous appliquons à ces
terres donnera :

Substances albuminoïdes. . . .		18^k.75
— ternaires.		300^k.38
— fixes.		364^k.60
		683^k.73

Ici encore excès des substances ternaires et fixes.
Un terrain longtemps et abondamment fumé de la sorte
a besoin de l'application d'engrais fortement azotés
pour provoquer la résolution de toutes ces substances
qui l'encombrent.

179. Le tourteau de colza nous donne à son tour les
proportions suivantes :

Substances albuminoïdes.. . . .		18^k.75
Huile. . . . . . . 7^k.87	} 25^k.19	
Autres subst. ternaires. 17^k.32		
Matières fixes (cendres)		3^k.48
		47^k.42

180. Ceci posé, voici ce que nous apprend l'expérience agricole faite en grand. Si dans les terres fortement calcaires du centre du département de Vaucluse,
on fume chaque année avec du tourteau, les terres *s'ef-
fritent*, c'est-à-dire, qu'elles perdent graduellement leur

terreau et finissent par devenir peu sensibles à l'effet des
tourteaux ; mais si à deux fumures de tourteaux on fait
succéder une fumure de fumier de ferme, ou que chaque
fumure soit combinée de manière que le tourteau fournisse les deux tiers des matières albuminoïdes et le fumier de ferme le tiers seulement, alors l'équilibre est au
moins rétabli entre la consommation et la restitution de
ce terreau, et les terres conservent leur fertilité. Or, dans
ce cas nous avons :

	SUBSTANCES		
	albuminoïdes.	ternaires.	fixes.
	k.	k.	k.
2 fumures de tourteau .	37.50	50.38	6.96
1 fumure de fumier. . .	18.75	300.38	364.60
	56.25	350.76	371.56
Fumure moyenne. . . .	18.75	116.92	123,85

Ainsi nous avons encore ici, outre un grand excédant
de matières fixes, près de huit fois la quantité de ligneux
que requièrent les récoltes. Quelle que soit la partie
de cet excédant qui se disperse en acide carbonique,
il est bien probable que la plus forte partie reste dans le
sol à l'état de terreau épuisé de ferment, et que l'on
pourrait sans beaucoup de danger, rendre encore plus
rare le retour du fumier d'étable.

181. Si pour déterminer les proportions d'engrais
complémentaire, il suffisait seulement de connaître la
quantité de substances albuminoïdes, ternaires et fixes
de la plante, du sol et de l'engrais, le problème serait
plus facile qu'il ne l'est en effet. Mais il faut tenir compte
aussi de la nature des matières contenues dans les cendres, car telles de ces matières comme les sulfates, les

phosphates, la chaux, la magnésie, les alcalis, peuvent
influer considérablement sur les résultats des cultures,
par leur absence ou leur présence. L'analyse de l'humus
nous apprendra d'abord les matières fixes que le sol contient (*Appendice*, n° 2); on y supplée le plus souvent
par la recherche dans le sol des principes fixes que l'on
considère comme utiles à la végétation (*Appendice*, n° 1);
l'analyse des cendres de la plante nous indique les substances différentes qu'il faut lui fournir (*Appendice*, n° 3).

182. Soit une des terres moyennes de Versailles dont
on a déterminé l'humus [126]. Faisons abstraction de
ses matières albuminoïdes, trop peu considérables pour
avoir un effet notable sur la récolte et qu'il faudra compléter. Cet humus nous offre par hectare les matières
fixes rendues solubles dont le détail suit :

Chaux.	$194^k.20$
Acide sulfurique..	$129^k.00$
— phosphorique..	$2^k.26$
Chlore.	$2^k.94$
Alcalis.	$5^k.92$
Silice.	$13^k.13$

Si nous voulons obtenir une récolte de 2,836 kilogrammes de colza qui, avec sa paille, dosera $136^k.78$
d'azote, elle contiendra les substances suivantes :

RÉCOLTE.		Sur quoi l'humus fournit :	L'engrais complémentaire doit fournir :
Azote.	$136^k.78$	$19^k.20$	$117^k.58$
Acide sulfurique.	$29^k.39$	$129^k.00$	»
— phosphor..	$73^k.57$	$2^k.26$	$71^k.31$
Chaux.. . . .	$45^k.36$	$194^k.20$	»
Alcalis . . .	$117^k.16$	$5^k.92$	$111^k.24$
Silice.	$16^k.24$	$13^k.13$	$2^k.11$

183. Voyons comment nous obtiendrions ces complé-
ments en employant un de ces trois engrais; le guano
dosant 8 pour 100 d'azote, le tourteau de colza dosant
5.55 pour 100, le fumier de ferme dosant 0.40 pour 100
d'azote et ayant 75 pour 100 d'eau (1). Il nous faudra
pour compléter l'azote manquant : 1,470 kilogrammes de
guano, 2,119 kilogrammes de tourteau de colza, 29,400
de fumier de ferme. Voici ce qui résulte de cette application :

	déficit à combler: k.	GUANO apport : k.	GUANO déficit restant: k.	TOURTEAU apport : k.	TOURTEAU déficit restant: k.	FUMIER apport : k.	FUMIER déficit restant: k.
Acide phosph.	71.31	182.27	»	43.63	27.68	57.02	14.29
Alcalis. . . .	111.24	76.43	34.79	30.02	81.22	143.00	»
Silice.	3.11	19.25	»	1.13	1.98	340.00	»

Pour compléter chacun de ces engrais, il faudra joindre au guano 126 kilogrammes de cendres de chêne
non lessivées, qui donneront les 34^k.81 d'alcalis restant
à fournir; au tourteau de colza, 266 kilogrammes de ces
cendres, qui, outre 81^k.22 d'alcalis, donneront 16^k.62 de
phosphates ou 8 kilogrammes d'acide phosphorique; il
restera à pourvoir à 19^k.68 de cet acide, ce que l'on
obtiendra de 76 kilogrammes de poudre d'os soluble. Le
fumier de ferme exigera 60 kilogrammes de cette même
poudre d'os. Sous le rapport économique, ces engrais
complémentaires coûteront les prix suivants :

Guano . . . . 1,470 kil. à 26 fr., ci. 382.20
Cendres. . . . 126 kil. à 3 fr., ci.   3.78
                                       _____
                                        385.98

---

(1) *Voyez* les analyses, *Cours d'Agric.*, t. i, p. 599.

Tourteau	. . .	2,119 kil. à 13 fr., ci.	275.47
Cendres.	. . .	266 kil. à 3 fr., ci.	7.98
Poudre d'os, prép.		76 kil. à 15 fr., ci.	11.40
			294.85

Fumier .	. . .	29,400 kil. à 86 c. (1), ci.	252.84
Poudre d'os, prép.		60 kil. à 15 fr., ci , .	9.00
			261.84

184. Parvenu à ce point de nos recherches, nous ne sommes pas encore certain d'avoir pourvu suffisamment à l'entretien d'une récolte donnée, en supposant que nous aurions opéré les analyses sur les parties solubles seules des engrais et non sur l'engrais entier, comme nous l'avons fait: il reste encore des circonstances qui peuvent troubler la marche régulière de l'alimentation des plantes. C'est ce qui arrive, par exemple, quand l'absence des pluies prive la terre de l'eau nécessaire pour dissoudre l'humus et l'engrais; un printemps trop sec laissera déssécher leurs parties solubles au moment où la température développera la végétation; les plantes manqueront d'une nourriture suffisante et ne se développeront pas vigoureusement.

185. D'autres fois le terrain trop humide ou la saison trop aqueuse délayera beaucoup trop les engrais solubles, et ce ne sera qu'au moyen de l'absorption d'une quantité superflue d'eau que les plantes pourront s'emparer d'une trop petite quantité de sucs nutritifs, tandis

---

(1) Nous avons supposé le fumier de ferme à 5 fr. le mètre cube, et nous avons ajouté 1 fr. pour le transport, l'épandage, etc.

9.

qu'une autre partie de ces engrais pénétrera dans l'intérieur de la terre ou séjournera à sa surface, laissant évaporer son ammoniaque après sa dessiccation.

186. La température agit aussi sur les engrais, en ac-
célérant ou retardant leur fermentation, en mettant un
plus ou moins grand nombre de leurs parties en état de
solubilité.

187. Mais toutes ces influences sont très-variables et
elles ne peuvent entrer dans les calculs de l'agronome qu'à
titre de probabilités, quand il connaît bien le climat moyen
de son pays. Il en est d'autres plus constantes pour
chaque terrain en particulier, et dont on ne doit pas faire
abstraction sous peine d'être trompé habituellement dans
ses prévisions, c'est l'effet produit par le sol sur les engrais. Ainsi les terrains abondants en argile, en ocre, en
terreau, s'emparent d'une grande partie de l'ammoniaque qui s'y forme [137], pour ne laisser apparaître l'effet
entier des nouveaux engrais que quand ils en sont sa-
turés.

188. Il y a aussi une constitution physique des sols
qui hâte ou retarde la consommation entière de l'engrais; nous entendons par là sa réduction en parties solubles, qui a lieu par l'effet de la fermentation ou de la
catalyse. Les sols calcaires, sablonneux, tous ceux
qui sont filtrants, laissent pénétrer facilement l'air dans
leurs interstices, précipitent cette décomposition sans
que l'absorption des plantes puisse marcher du même
pas; d'autres terrains compactes, argileux, ne laissent
pas circuler l'air, et conservent longtemps l'engrais et
le terreau dans leur état d'intégrité. Ces deux qualités

opposées exigent que l'on se serve, pour les premiers, d'engrais répétés et à petite dose ou d'engrais peu solubles; et pour les seconds, que l'on applique aux récoltes des engrais solubles, liquides même, dont les principes soient mis immédiatement à la disposition des plantes.

189. Mais ce n'est que par des expériences comparatives faites sur plusieurs lots de terre contigus, et traités avec des doses différentes d'engrais, comparés à des lots ensemencés sans engrais, que l'on peut s'assurer de ces propriétés, que le calcul ne peut atteindre. C'est un travail préparatoire que doit faire tout agriculteur éclairé sur le terrain qu'il cultive, et qui jettera une vive lumière sur toutes les opérations qu'il pourra entreprendre.

190. Mais les calculs que nous avons indiqués plus haut [175 *et suiv.*] ne sont applicables qu'aux plantes annuelles, qui puisent leur nourriture dans les couches supérieures du sol, et qui, par la rapidité de leur végétation, doivent trouver des aliments solubles mis à leur portée. Ils ne le sont pas également pour les plantes vivaces cultivées sur un terrain à sol profond, surtout si ce sol est pourvu de matières organiques. Il suffit que dans leur premier âge elles trouvent une riche alimentation, qui leur donne une constitution vigoureuse, et qui puisse pourvoir à la nourriture de leurs racines supérieures; mais il serait inutile de leur donner l'engrais total que requiert leur composition et que les racines pivotantes ne pourraient plus atteindre, elles trouvent moyen d'extraire du fond de la terre une grande partie

de leur nourriture. Ainsi la luzerne puise dans le sol les deux tiers de ses aliments, dose énorme, que les faits connus sur la rareté de l'ammoniaque de l'air ne permettent pas d'attribuer à d'autres causes.

———————

CHAPITRE VIII.

Continuation des engrais complémentaires.
L'eau.

191. Dans le chapitre précédent, nous avons considéré les engrais à l'état sec, pour qu'ils pussent être comparables entre eux, car la quantité d'eau qu'ils renferment est extrêmement variable. Mais nous n'avons pas oublié que l'eau figure au premier rang parmi les principes indispensables à l'existence des plantes, et nous devons nous efforcer de les en pourvoir quand le sol ou l'atmosphère leur refusent celle qui leur est nécessaire.

192. Le sol se trouve éloigné de l'état que nous avons considéré comme le plus propre à la végétation [104 *et suiv.*], ou par trop de sécheresse, provenant du défaut de pluies suffisantes, ou par une excessive évaporation dépendant de la température de l'air, du règne habituel des vents secs, du défaut d'hygroscopicité des éléments du sol, de leur défaut de cohésion, qui favorise la filtration, de leur coloration, qui absorbe les rayons calorifiques; il s'éloigne aussi de l'état normal par excès d'humidité, amené par des causes contraires à celles que

nous venons de citer, et aussi par la filtration des eaux
provenant des terrains supérieurs, ou le jaillissement
souterrain des sources, ou par son peu de profondeur,
qui n'offre pas aux eaux superficielles un réservoir suffisant où elles puissent se répartir, enfin par le défaut
de pente, qui s'oppose à leur écoulement. Nous n'avons
pas à nous occuper ici des moyens de dessécher le sol,
nous en parlerons en traitant des amendements, mais
nous devons parler des moyens de se procurer l'eau nécessaire à la végétation.

193. Se procurer de l'eau à volonté, pouvant arriver à
la surface ou près de la surface du terrain, c'est se rendre indépendant des défauts et des caprices du climat,
d'une situation habituellement trop sèche, comme d'une
saison qui l'est accidentellement. On obtient cette eau
par la dérivation des rivières qui passent à un niveau
supérieur à celui de nos champs ; par l'établissement de
réservoirs qui conservent les eaux des petits ruisseaux,
des sources, ou les eaux pluviales qui tombent sur une
vaste surface de terrain ; par des forages qui donnent
issue aux eaux souterraines pressées sous une couche
imperméable du terrain. Dans ces différents cas, l'eau
arrive par sa pente. Mais si la source où l'on veut puiser
est inférieure au niveau du terrain à irriguer, il faut employer une force mécanique (l'homme, les animaux, les
chutes d'eau, la vapeur, le vent, etc.) pour l'élever à la
hauteur voulue. C'est la mécanique agricole qui dirige
toutes ces opérations, et la législation doit favoriser la
prise de l'eau et son passage à travers les propriétés in-
terposées.

194. L'irrigation n'a pas tous les effets de la pluie. Celle-ci, en tombant, humecte toute la masse de l'air et l'entretient pendant quelque temps dans un état qui modère et ralentit l'évaporation. L'irrigation dans une saison sèche est accompagnée d'une vive évaporation, qui favorise l'absorption d'une séve abondante, mais qui aussi dessèche rapidement le terrain si elle n'est pas souvent renouvelée. La pluie, en tombant de haut sur la plante, la lave et la débarrasse des encroûtements salins et terreux que l'évaporation de la séve laisse à la surface des feuilles. Les jardiniers l'ont observé depuis longtemps ; aussi, pour délivrer les plantes de ce dépôt, ont-ils soin de faire jaillir l'eau des irrigations, qui retombe en gouttes sur les feuilles, c'est ce qu'ils appellent le *bassinage*. On commence à imiter cette opération en agriculture : les Anglais font passer l'eau par des machines ou par sa propre pente dans des canaux qui aboutissent aux différentes parties des champs, et, dirigeant le jet d'eau qui en sort au moyen de tubes de gutta-percha, ils obtiennent à la fois les effets de l'irrigation et ceux du bassinage.

195. La quantité d'eau nécessaire pour maintenir le terrain dans un état d'humidité utile [112] varie nécessairement selon le climat, la saison, la nature du sol, son degré habituel d'humidité et l'espèce de plante cultivée. Dans la Lombardie et dans le Midi de la France, les arrosages des prairies commencent au 1er avril pour finir au 30 septembre ; on calcule sur un arrosage tous les quinze jours pour les terres qui ne contiennent pas plus de 0.20 de sable, et tous les huit à dix jours pour

celles qui en contiennent 0.49; on met 0.12 de jour de plus pour chaque centième de sable ajouté au terrain. (*Cours d'Agriculture*, t. I, p. 380). Dans les climats nébuleux et humides, où l'évaporation est peu active, les arrosages doivent être moins fréquents; mais pour chaque situation c'est l'expérience seule qui peut permettre de fixer des règles exactes. Au reste, quand on dispose de l'eau à volonté, on ne se laisse pas enchaîner à des époques fixes. La pluie, le temps couvert, le défaut de vent, peuvent éloigner ces époques, comme des circonstances contraires peuvent les rapprocher. Le véritable signe du besoin d'eau se trouve dans l'état des feuilles des plantes, qui s'inclinent et se flétrissent quand la terre devient sèche à la profondeur d'un fer de bêche.

196. La quantité d'eau nécessaire pour chaque arrosage du terrain supposé presque sec varie aussi selon les procédés suivis pour sa distribution et selon l'inclinaison du sol. Si l'on arrose par nappes d'eau qui doivent couvrir toute la surface (par inondation), on conçoit qu'elle se répandra d'autant plus vite que le terrain aura plus de pente; car si ce terrain était plat, et que l'eau eût peu d'impulsion, elle s'infiltrerait dans le sol en avançant et ne parviendrait que lentement à l'autre extrémité du champ. Sur un terrain sec, presque plat, peu filtrant, divisé par des bourrelets à 20 mètres de distance l'un de l'autre, un bon arrosage exige que l'on répande sur le sol une lame d'eau de $0^m.085$, et par conséquent 850 mètres cubes par hectare; les pertes d'eau portent à 1,000 mètres cubes la quantité qui doit être fournie par l'émissaire.

197. Si l'eau arrive en quantité trop faible par unité de temps, ou avec trop peu d'impulsion pour couvrir le terrain en avançant d'une manière continue, et sans se perdre par infiltration, ou si le terrain est trop incliné et ne laisse pas à l'eau le temps de l'imbiber suffisamment, on divise le champ par des fossés transversaux peu profonds et plus ou moins rapprochés. En remplissant le premier, on le fait déborder dans le sens de la pente, de manière que l'eau se répande par filets sur la planche comprise entre le premier et le deuxième fossé. Quand la première planche est arrosée, on fait arriver l'eau dans le second fossé qui arrose la deuxième planche, et ainsi de suite.

198. Mais dans le cas indiqué ci-dessus [197], si le terrain est plat, on se borne à remplir successivement les fossés qui bordent les planches et dont l'eau s'infiltre sous le terrain, remontant à la surface par voie de capillarité. C'est ainsi que se distribue l'eau tirée par les machines en Égypte, dans l'Inde et à la Chine. On estime à 107.1 millimètres l'épaisseur de la lame d'eau nécessaire pour l'arrosage d'un hectare, selon cette méthode, soit 1,071 mètres cubes par hectare.

199. Il ne suffit pas de disposer d'une eau quelconque pour faire une opération avantageuse ; il faut encore qu'elle ait les qualités convenables. Dans l'eau destinée à l'irrigation, on a à considérer : 1° les matières qu'elle tient en suspension ; 2° celles qui y sont dissoutes ; 3° sa température.

200. Les matières suspendues dans l'eau peuvent être assez abondantes pour la rendre bourbeuse, et alors

on ne doit pas s'en servir pour l'irrigation des prairies, dont elle souille les herbes, à moins que ce ne soit par infiltration. Mais on pourra les employer à inonder un terrain pour le préparer à un ensemencement, ou à arroser des plantes à tiges élevées, comme le froment, le riz, les arbres, etc., pourvu que les matières en suspension ne soient pas de nature à modifier défavorablement le terrain. Ainsi, une eau qui charrie beaucoup de parties sablonneuses ne doit pas être employée sur un terrain déjà trop sablonneux; celle qui dépose de l'argile, sur un terrain trop compacte, si ce n'est aux époques où elles sont naturellement clarifiées, ou après les avoir fait reposer et déposer dans des réservoirs.

201. Mais une eau qui est seulement trouble a de très-heureux effets sur la végétation, quand elle est chargée de matières qui améliorent les qualités physiques du terrain en lui apportant beaucoup de terreau. C'est ce que l'on verra en comparant les prairies arrosées par les eaux de la Sorgue (département de Vaucluse) et celles qui le sont par les eaux de la Durance. Les premières sont toujours claires, les autres habituellement troubles. Le produit en foin de ces deux espèces de prairies est comme 6 à 9, et comme les frais sont égaux de part et d'autre, les produits nets sont comme 1 est à 4 (1). Les eaux troubles d'une nature convenable sont donc à rechercher de préférence aux eaux claires dans un grand nombre de cas.

---

(1) Conte, *Annales des Ponts et Chaussées*, 2ᵉ semestre de 1850, p. 363.

202. Quant aux matières dissoutes dans l'eau, on comprendra leur importance en sachant que des prairies considérables ont pu être établies sur les rives de la Moselle, sur des graviers infertiles, et par le seul effet de l'arrosage. Il est vrai que l'eau leur est distribuée en quantité presque indéfinie que l'on porte à 140,000 mètres cubes par an et par hectare, filtrant à travers ces graviers absorbants. Il n'est pas douteux que ces eaux ne contiennent les principes alimentaires nécessaires aux végétaux. Dans les herbages du Charolais, quel n'est pas l'effet merveilleux des eaux découlant des terrains primitifs et de transition, riches en alcalis et en matières azotées! la beauté du bétail qui y pâture le dit assez. Les eaux qui s'écoulent des terrains calcaires n'ont pas la même valeur, à moins qu'elles ne passent sur des pentes gazonnées; leur effet sur les terrains qui sont eux-mêmes calcaires se bornent à fournir aux plantes l'eau qui leur est nécessaire.

203. Les eaux produisent des effets nuisibles quand elles présentent aux plantes des solutions qui deviennent vénéneuses, comme quand les sels dissous consistent en sulfate de fer, en arséniates, etc.; elles le sont aussi quand, sans pouvoir être considérées comme des poisons, elles surabondent en sels non nutritifs, comme, par exemple, le chlorure de sodium (sel marin). Dans tous les cas, on doit rejeter les eaux qui auront une forte saveur. On doit aussi considérer comme mauvaises celles qui ne dissolvent pas le savon, ou qui précipitent le savon dissous dans l'eau sous forme de savon calcaire insoluble. Ces eaux surabondent en sels de

diverses natures, mais surtout en sulfate de chaux, qui, en se déposant sur les plantes, les racines ou les feuilles par l'évaporation, obstruent leurs canaux et arrêtent leurs fonctions. Les eaux incrustantes, c'est-à-dire celles qui laissent des dépôts cohérents sur les bords des canaux et dans leurs tuyaux de conduite, sont aussi nuisibles à la végétation ; elles sont chargées de bicarbonate de chaux, qui devient insoluble en perdant à l'air une partie de son acide carbonique, mais elles peuvent se boire sans inconvénient.

204. Il y a des eaux qui ne conviennent pas pour la boisson, parce qu'elles sont chargées de principes organiques, et qui, cependant, si elles ne contiennent pas de sels nuisibles, sont excellentes pour l'irrigation. Telles sont celles qui proviennent des égouts des villes, ou qui traversent des terrains chargés de terreau. On reconnaît cette qualité avantageuse en entretenant à l'état d'humidité le résidu que l'on obtient par leur évaporation. Il ne tarde pas à fermenter et à émettre des vapeurs ammoniacales.

205. Les eaux qui s'écoulent des tourbières et des terrains de bruyères sont colorées, donnent beaucoup de dépôt, mais leurs extraits ne fermentent pas et leurs effets sont nuisibles à la végétation.

206. Mais l'eau fût-elle de la meilleure qualité, elle sera nuisible aux plantes si sa température est habituellement plus basse que celle à laquelle commencent la végétation des plantes et la fermentation des matières fermentiscibles, c'est-à-dire au-dessous de 12° du thermomètre centigrade. Les eaux qui descendent des Alpes

sont froides et peu estimées pour l'irrigation, jusqu'à ce qu'elles se soient réchauffées en parcourant un long trajet dans des canaux qui ont peu de profondeur.

207. Celles qui se maintiennent en hiver à une température au-dessus de 12° sont employées dans le Milanais à arroser des prairies qui, étant tenues en toute saison dans un état habituel d'humidité, produisent même en hiver une quantité considérable d'herbe. Elles prennent le nom de *marcite*. Celles qui sortent des égouts de la ville de Milan ont aussi une grande richesse, qui dispense d'appliquer des engrais aux prés qu'elles arrosent. On connaît les effets des eaux chaudes autour des établissements thermaux, où l'écoulement des piscines entretient de belles prairies.

208. L'utilité de la possession de l'eau s'estime par le surcroît de produit qui résulte de son usage. Elle varie selon les climats, la valeur et le genre des récoltes auxquelles on l'applique. Ainsi, d'abord, dans les climats où les périodes de sécheresse sont moins fréquentes, l'eau est moins nécessaire que dans ceux où son besoin se reproduit chaque année. La météorologie parvient à apprécier les caractères de climat et fournit les données de cette appréciation (*Cours d'Agriculture*, t. II, p. 301). Le prix des produits obtenus au moyen de l'eau fait aussi varier son degré d'utilité. Dans les pays où le fourrage est abondant, le surplus de foin que l'on pourrait obtenir par l'irrigation n'a pas la même importance que dans ceux où il est rare et cher. Enfin, on peut appliquer l'irrigation à un grand nombre de cultures. Dans le Midi, elle rend certain le résultat des troisième et qua-

trième coupes de luzernes, souvent compromises par la
sécheresse de l'été (*Cours d'Agriculture*, t. X, p. 426).
Le produit en est accru d'une moitié en plus. L'irrigation double le produit des prairies, et rend le foin plus
fin et de meilleure qualité. Elle assure la récolte du blé
contre la sécheresse du printemps, et en augmente la
production (*Cours d'Agriculture*, t. III, p. 659). En per-
mettant de faire des récoltes dérobées entre les mois-
sons et le nouvel ensemencement d'automne, elle ajoute
de même un quart et plus souvent un tiers à la valeur
des terrains. On voit combien peut varier le degré d'utilité que l'on peut attribuer à l'eau dans des circonstances
si diverses.

209. Le prix de l'eau amenée d'un niveau supérieur
par des canaux ne serait que sa valeur réelle, c'est-à-
dire le prix du travail qu'elle coûte pour l'amener, si,
d'un côté, toute l'eau que le canal peut amener pouvait être utilement employée, et si, de l'autre, il pouvait
y avoir concurrence entre les fournisseurs d'eau. Mais
le plus souvent il a fallu réglementer les prises, pour
les distribuer équitablement entre les différentes parties
du territoire, et de là des concessions de l'autorité publique, qui constituent souvent en monopole l'exécution
de ces ouvrages. Et cependant telle est l'ignorance,
l'apathie des cultivateurs qui ne connaissent pas ou qui
dédaignent cette source de richesses, qu'il arrive souvent que ce n'est qu'après un assez grand nombre d'années que l'on parvient à placer toute l'eau du canal, et
que c'est le monopole qui est en perte. Aussi le produit
des arrosages ne représente presque jamais leur utilité,

parce que ce sont les usagers qui font la loi aux conces-
sionnaires ; ou que l'autorité publique a subventionné
leurs travaux ; ou qu'enfin les premiers entrepreneurs
ruinés ont vendu à vil prix des travaux déjà avancés. A
Milan, le canal de la Martesana fait payer 9 fr. 60 c. pour
l'arrosage annuel d'un hectare de prairies ; à Salon, le
canal de Craponne arrose pour 5 à 6 fr. ; à Arles, pour
22 fr.; dans le département de Vaucluse, le canal Crillon
pour 24 fr. et les canaux divers de la Sorgue pour beaucoup moins encore.

CHAPITRE IX.

Des matières servant d'engrais.

210. Les récoltes naturelles, celles qui sont alimementées seulement par l'humus du sol et les gaz de l'atmosphère, ne peuvent suffire au cultivateur, qui sait qu'avec la même somme de travail il peut en obtenir de beaucoup plus abondantes en pourvoyant les plantes d'aliments proportionnés aux produits qu'il veut obtenir [**161** *et suiv.*]. Il cherche donc à se procurer de l'engrais, tant que son prix est inférieur à l'excédant de produit qui doit résulter de son emploi.

211. On obtient cet engrais, ou en le fabriquant au moyen des végétaux cultivés sur le terrain enfoui (engrais verts), ou consommés par le bétail et convertis en déjections animales (fumiers); ou, si ces ressources tirées de l'exploitation elle-même ne suffisent pas, par des substances organiques ou minérales achetées au dehors.

212. Les plantes ne pouvant absorber que des substances à l'état liquide ou gazeux : un corps aurait beau renfermer les principes qui pourraient leur être le plus utiles, il ne pourra porter le nom d'engrais s'il n'est pas susceptible de devenir soluble avec une économie suffisante. La houille renferme des principes ammoniacaux, et l'on ne songe pas à l'utiliser directement pour la fertilisation des terres, parce qu'on obtiendrait trop chèrement son ammoniaque ; mais quand une autre industrie, profitant de ses autres qualités, distille la houille, en retire l'eau ammoniacale, et, ne la considérant que comme un produit accessoire, la livre à bas prix aux agriculteurs, cette eau ammoniacale peut être employée utilement comme engrais (1).

213. On tire les engrais des règnes organique et inorganique. On est loin de connaître encore toutes les substances qui pourraient contribuer à la fertilité de la terre. Les progrès de l'industrie en ont produit plusieurs dont on a reconnu l'efficacité, mais qui toutes ne peuvent être adoptées pour la culture, à cause de leur prix élevé ; et si nous pouvons déjà nous servir du noir des raffineries, de l'eau ammoniacale des gazomètres, de l'oxysulfure de calcium produit des fabriques de soude factice, nous ne pouvons encore atteindre le prix du cyanure de potassium, fabriqué par l'absorption de l'azote atmosphérique par la potasse mélangée de charbon, dans un tube fortement échauffé.

214. En donnant le tableau des engrais connus, nous devons rappeler ce que nous avons dit plus haut [158] : c'est que dans tous les sols et dans tous les engrais, les principes azotés sont les plus rares et les plus chers; nous

---

(1) Kuhlmann, *Expér. agr.*, p. 45 et 77.

10.

avons vu ensuite [53,183] que les phosphates sont aussi souvent en déficit, dans beaucoup d'engrais et dans un grand nombre de sols. — Ainsi, en faisant connaître les doses d'azote et d'acide phosphorique que renferment les différents engrais, d'après les analyses de MM. Boussingault, Payen et quelques autres auteurs, nous offrons le moyen le plus sûr de juger de leur valeur relative, surtout si l'on combine ces notions avec ce que nous dirons dans le chapitre suivant sur leurs effets spéciaux, sur leur durée d'action et sur leur prix vénal. Une analyse plus complète serait sans doute désirable, mais nous ne l'avons que pour un petit nombre d'engrais, et ensuite leurs principes secondaires varient beaucoup d'un échantillon à l'autre, et dans de toutes autres proportions que leurs principes essentiels.

213. Mais c'est surtout par la quantité d'eau qu'ils renferment que les engrais diffèrent le plus entre eux et d'un échantillon à l'autre de la même espèce. On les appréciera très-inexactement si on ne commence par les réduire à l'état sec. Ainsi, soit le fumier de ferme normal [242], nous voyons que l'analyse a été faite sur un échantillon qui renfermait 0.79 d'eau, et qu'il dosait 0.41 pour 100 d'azote. Si nous nous en tenions à cette indication sans vérifier l'humidité de celui que nous voudrions employer, il serait possible qu'il fût beaucoup plus riche ou beaucoup plus pauvre. Ainsi, avec 60 kilogrammes d'eau, il dosera 0.78 pour 100 d'azote ; avec 0^k.85 d'eau, il ne dosera que 0.29 pour 100 d'azote ; mais si nous partons du dosage de cet engrais à l'état sec, nous avons une base fixe et qui ne dépend plus que

de son humidité, qu'il est facile d'apprécier en le pesant dans son état normal, le desséchant à l'étuve, ou simplement sur un poêle, et faisant le calcul nécessaire. Ainsi, l'engrais à l'état sec dosait 2 pour 100 d'azote, s'il a 0.79 d'eau, nous disons $100 : 2 :: 21 : x = 0.42$.

216. Pour classer les engrais, nous sommes partis de deux considérations : 1° le règne naturel auquel ils appartiennent ; 2° leur provenance, ce qui nous a donné le tableau synoptique suivant :

Règne animal.	Déjections	de l'homme............	1
		des animaux...........	2
	Matières organiques autres que les déjections..		3
Règne végétal.	Plantes fraîches................		4
	Matières végétales mortes............		5
Règne minéral.	Produits chimiques...............		6
	Produits naturels................		7
Mélanges de matières des divers règnes.............			8

217. Les signes suivants ont les significations ci-après :

E.   Eau.

H.   Engrais à l'état humide.

H. a.   Azote de l'engrais à l'état humide.

H. p.   Acide phosphorique de l'engrais à l'état humide.

S.   Engrais à l'état sec.

S. a.   Azote de l'engrais à l'état sec.

S. p.   Acide phosphorique de l'engrais à l'état sec.

CHAPITRE X.

Tableau des engrais.

Première classe. —Déjections humaines.

218. Sous le nom de déjections; nous comprenons l'ensemble des matières excrétées par les intestins et la vessie, c'est-à-dire les excréments et les urines.

L'homme moyen, en France (enfants, adultes des deux sexes), pèse 45 kilogrammes. Il consomme un aliment dosant $0^k.627$ de carbone et $0^k.0474$ d'azote pour 100 kilogrammes de son poids. Ses déjections dosent 0.024 d'azote. Ainsi, la transpiration fait disparaître les 0.51 de l'azote de sa nourriture (1). Dans ce pays, 35,783,059 individus pesant 16,094,376 quintaux métriques fournissent par jour 386,265 kilogrammes d'azote dans leurs déjections, et par an 129,398,925 kilogrammes d'azote. Mais nous ne prenons pas pour recueillir cet engrais les mêmes soins que les Chinois. Il serait bien important de ne rien négliger pour s'assu-

---

(1) Barral, *Statique des Animaux.*

rer une partie plus grande de cette ressource; on le pourrait à peu de frais, et l'on accroîtrait ainsi considérablement nos ressources en engrais.

Pour 100 des matières suivantes, nous avons les doses ci-après :

	E.	H. a.	S. a.	H. p.	S. p.
Déjections complètes.	91.0	1.51	16.78	1.90	2.85
Excréments..	73.3	0.45	1.67	1.14	0.82
Urines.	93.3	1.29	19.20	0.25	3.88

Deuxième classe. — Déjections des animaux.

1. Cheval.

219. La ration complète du cheval contient, pour 100 kilogrammes de son poids, $0^k.87$ de carbone et $0^k.031$ d'azote. Ses déjections dosent 0.320 de carbone et 0.0258 d'azote. Ainsi, elles ne reproduisent que les 0.806 de l'azote de la nourriture (1).

Les 1,544,677 chevaux que la statistique attribue à la France pèsent en moyenne 400 kilogrammes; ainsi 6,178,897 kilogrammes pour le poids total, qui donne dans les déjections 57,319,810 kilogrammes d'azote. Plus de la moitié de cet engrais est perdu sur les routes et dans les champs où travaillent ces animaux ·

On a pour 100 les rapports suivants :

	E.	H. a.	S. a.	H. p.	S. p.
Déjections complètes.	75.4	0.74	3.02	0.16	1.12
Excréments..	75.3	0.55	2.21	0.18	1.22
Urines.	79.1	2.61	12.50	0.00	0.00

(1) Boussingault, *Économie rurale*, t. II, p. 381.

2. *Espèce bovine.*

220. La ration complète de 100 kilogrammes de vache laitière dose 0.622 de carbone et 0.0261 d'azote. Les déjections dosent 0.254 de carbone et 0.016 d'azote. Ainsi, elles ne reproduisent que 0.613 de l'azote de la nourriture (1). Les bœufs reproduisent 0.85 de l'azote de leur nourriture.

En France, nous avons d'après la statistique :

kilogrammes d'azote.

	kilogrammes d'azote
2 milliers de bœufs du poids de 413 kilogrammes, qui donnent.	66,327,800
5,500,000 vaches du poids de 240 kilogrammes, qui donnent.	134,490,400
2 milliers de veaux du poids de 48 kilogrammes, qui donnent.	7,708,900
Total.	208,527,100

Mais tout ce bétail n'est pas soumis à la stabulation permanente; les vaches vivent en grande partie de l'année dans les pâturages, et les bœufs soumis au travail restent peu dans les étables.

Pour 100 kilogrammes des matières suivantes provenant des vaches, on a :

	E.	H. a.	S. a.	H. p.	S. p.
Déject. complètes.	84.3	0.41	2.59	0.09	0.55
Excréments . . .	83.9	0.32	2.30	0.10	0.74
Urines.	88.3	0.44	3.80	0.00	0.00

---

(1) Boussingault, *Économie rurale*, t. II, p. 382.

3. *Espèce ovine.*

221. La ration complète de 100 kilogrammes pesant de mouton vivant dose 0.880 de carbone et 0.036 d'azote. Les déjections contiennent 0.50 de carbone et 0.032 d'azote (1). Ainsi, le mouton reproduirait dans ses déjections les 0.91 de l'azote de sa nourriture. Ce chiffre, qui résulte des expériences de M. Jôrguesen, nous paraît très-considérable. D'après lui, il serait de tous les animaux celui qui ferait éprouver le moins de perte à l'azote de ses aliments. Il n'en est pas sans doute ainsi de la brebis, qui, par la production de ses agneaux et de son lait, doit causer une déperdition beaucoup plus forte. En supposant que celle-ci fût dans le même rapport que celle des vaches, relativement aux bœufs, nous aurions les chiffres suivants :

		Pesant :	Poids total exact :	dont azote : }
Moutons . .	9,462,000	28^k	2,649,360	35,926,585^k
Brebis.. . .	14,804,000	20^k	2,861,600	23,840,765^k
Agneaux.. .	7,308,000	10^k	730,800	8,802,340^k
				68,659,690^k

Mais la plus grande partie de cet engrais est perdue sur le pâturage :

On a pour 100 kilogrammes :

	E.	H. a.	S. a.	H. p.	S. p.
Déjections. . . .	6.71	0.91	2.79	0.43	1.32
Excréments.. . .	57.6	0.72	1.70	0.64	1.52
Urines.	86.5	1.31	9.70	?	0.03

---

(1) Boussingault, t. ii, p. 384.

4. *Porcs.*

222. La ration complète de 100 kilogrammes de porc vivant donne en carbone 0ᵏ.124, et azote 0.042. Les déjections rendent en carbone 0ᵏ.108, et azote 0.0268. Le porc reproduit les 0.638 de l'azote de sa nourriture (1).

Les 4,900,000 porcs qu'accuse la statistique, pesant 91 kilogrammes, et donnant un poids total de 4,459,000 kilogrammes, produisent dans les déjections 42,617,865 kilogrammes d'azote.

On a pour 100 :

	E.	H. a.	S. a.	H. p.	S. p.
Déjections. . . .	93.8	0.37	5.95	0.21	3.44
Excréments.. . .	84.0	0.71	4.40	0.61	3.89
Urines.	97.9	0.23	11.00	0.04	2.09

5. *Poules* (2).

223. 100 kilogrammes de poule vivante consomment 0ᵏ.063 azote. Les déjections contiennent 0.040 azote; les poules reproduisent donc les 0.63 de l'azote de leurs aliments. Une poule moyenne pèse 0ᵏ.662; ainsi, un poulailler de 100 poules donne par ses déjections 9ᵏ.490 d'azote.

On a pour 100 :

	E.	H. a.	S. a.	H. p.	S. p.
Déjections. . . .	72.9	2.59	7.02	?	?

---

(1) Boussingault., p. 384.

(2) Isidore Pierre, *Chimie*, p. 371, et Girardin.

6. *Pigeons.*

224. 100 kilogrammes de pigeons consomment $0^k.100$ d'azote. Les déjections contiennent $0^k.083$; ainsi, les pigeons reproduisent 0.83 de l'azote de leur nourriture.

On a pour 100 :

	E.	II. a.	S. a.	II. p.	S. p.
Déjections de pigeon.	61.8	3.48	9.12	2.24	5.88
Colombine ou fiente de pigeon sèche. . . .	9,6	8.30	9.02	5.31	5.88

7. *Litière de vers à soie.*

L'examen de la litière des vers à soie donne les résultats suivants :

E.	II. a.	S. a.
14.29	3.28	3.48

8. *Guano.*

225. Le guano est un engrais formé sur les îles, déposé sur les rochers des côtes de plusieurs pays, principalement le Pérou, le Chili, la Patagonie, le sud de l'Afrique, etc., par la fiente et les débris des oiseaux marins. On en trouve des masses qui ont jusqu'à 20 mètres de hauteur. On en fait un commerce important et une consommation prodigieuse, surtout en Angleterre, où elle s'est élevée, en 1851, à 152 millions de kilogrammes. Le mot de *guano* couvre des marchandises

très-différentes en valeur ; quelques-unes, outre leur
qualité inférieure provenant de détérioration naturelle,
sont très-suspectes de falsification (*Cours d'Agriculture*,
t. I, p. 544). Ainsi, le guano ne peut être acheté avec
sécurité qu'après avoir subi l'épreuve de l'analyse. Voici
celle de quelques échantillons :

	E.	H. a.	S. a.	H. p.	S. p.
Guano du Pérou, qualité supérieure	11.5	13.95	15.75	19.5	22.0
Guano du Pérou, qualité inférieure	25.1	4.19	5.60	25.1	33.4
Guano d'Afrique	23.0	6.19	5.25	12.7	17.0
Guano anagamos contemporain, recueilli sur les rochers fréquentés par les oiseaux	14.2	16.90	20.30	8.17	9.71

9. *Poudrette.*

226. La poudrette est la préparation des excréments
humains desséchés, qui se fait à Bondy, près Paris ; elle
pèse 80 à 85 kilogrammes l'hectolitre comble.

E.	H. a.	S. a.
34.06	1.40	2.12

10. *Engrais flamand.*

227. L'engrais flamand est constitué par des déjections humaines avec addition d'eaux grasses et d'eau, fer-
mentées dans des cuves. Il est très-usité près de Lille.

E.	H. a.	S. a.
80.7	2.85	14.67

11. *Lizier suisse, purin.*

228. Le lizier est formé d'excréments d'animaux domestiques fermentés dans des fosses avec de l'eau.

E.	II. a.	S. a.
78.8	0.55	2.59

229. En nous en tenant à l'homme et aux grandes races d'animaux domestiques, nous trouvons que les déjections auraient produit en France :

	kilogrammes d'azote.
L'homme..	149,398,925
Le cheval.	57,319,810
L'espèce bovine.	208,527,100
— ovine..	68,569,690
— porcine.	42,617,865
	516,433,390

Et pour chacun des **20** millions d'hectares en culture, environ **25** kilogrammes d'azote, moins de la moitié de ce qui serait nécessaire à une bonne culture.

230. D'après nos observations, la terre ne reçoit annuellement, sur les deux tiers de la France, que $2^k.75$ d'azote par hectare, ou tous les six ans $16^k.512$; dans l'autre tiers, **33** kilogrammes par an, ou **100** kilogrammes tous les trois ans; et en moyenne, sur l'ensemble, $7^k.75$ par an. Ainsi, on ne dispose en réalité que du tiers de fumier produit. Cela s'explique facilement par la déperdition considérable des engrais humains; par l'absence des étables des animaux qui travaillent ou pâturent, et par la faible nourriture de beaucoup d'entre eux, quand ils restent dans les étables sans travailler. On ne dispose ainsi que de 155 millions de kilogrammes d'azote, au lieu de 516 millions de kilogrammes. La nourriture des animaux de rente à l'étable diminuerait, en grande partie, le mal.

Troisième classe.— Matières organiques autres que les déjections.

231. Le sang abandonné à lui-même se sépare bientôt en deux parties : le serum liquide et la fibrine, qui se coagule. On l'emploie mélangé à l'eau, surtout avec de l'eau chargée de soude, qui prévient sa séparation ; on le fait aussi absorber par de la terre sèche ou de la terre charbonneuse, le chlorure de fer, l'acide sulfurique ; et enfin, dans ces derniers temps, par le chlorure acide de manganèse, résidu de la préparation du chlore : on obtient par ce dernier procédé un excellent engrais, qui retient plus fortement son azote que le sang coagulé par la chaleur ; il possède encore l'avantage d'être plus recherché, à cause de sa couleur plus noire (1). »

Le sang contient pour 100 :

	E.	H. a.	S. a.	H. p.	S. p.
1. Sang liquide. .	81.0	3.28	17 3	0,31	1,63

On dessèche aussi le sang après l'avoir coagulé par un courant de vapeur et pressé. Cette préparation contient pour 100 :

---

(1) Isidore Pierre, *Chimie*, p. 395.

E.	H. a.	S. a.
2. 73.5	4.51	17.00

232. Les animaux abattus en France, à l'exception du porc dont le sang se mange, donnent 1,691,094 kilogrammes de sang dosant 292,559 kilogrammes d'azote.

233. La chair musculaire contient :

E.	H. a.	S. a.	H. p.	S. p.
3. 77.5	3.43	15.25	0.05	0.24

On découpe en morceaux la chair des animaux morts; on la stratifie avec de la chaux hydratée. La décomposition s'opère au bout d'un mois.

234. La chair cuite contient :

E.	H. a.	S. a.
4. 9.0	11.83	13.0

On la cuit à la vapeur et on la dessèche dans les grandes voieries.

235. La morue salée a la composition suivante :

E.	H. a.	S. a.
5. 38.0	6.70	10.36

236. Les poissons peuvent devenir une ressource très-importante pour fournir notre agriculture d'engrais. On laisse à Terre-Neuve, et dans une autre pêcherie, une immense quantité de débris de poissons qui étaient sans emploi, et que l'on peut employer avec avantage. En outre, on néglige de pêcher un grand nombre de poissons volumineux, dont la chair est grossière, mais qui offriraient de grandes masses de chair à convertir en engrais. On commence à s'occuper de l'exploitation de ces importantes ressources.

	E.	H. a.	S. a.
6. Hareng frais . .	76.6	2.74	11.71
7. Hannetons. . . .	77.0	3.20	13.93
8. Chrysalides do vers à soie. . . .	78.5	1.94	8.99
9. Plumes.	12.9	15.34	17.61
10. Bourre de poils de bœuf.	8.9	13.78	15.12
11. Corne.	9.0	14.36	15.78

237. Les chiffons sont lents à se décomposer. On en forme un engrais pulvérulent en les traitant par une dissolution faible de potasse.

	E.	H. a.	S. a.	H. p.	S. p.
12. Chiffons de laine.	11.3	17.98	20.26		
13. Os gras.	8.0	6.22	8.89	20 42	22.20
14. Poudre d'os. . .			7.92		24.00
15. Noir fin d'os. . .			1.32		33.50
16. Noir de raffine- ries.	47.7	1.06	2.04	13.59	26.00
17. Id.			3.88		21.20
18. Pain do cretons, résidu de la colle d'os..	8.2	10.90	11.88		

Quatrième classe. — Plantes fraîches.

238. On cultive souvent des plantes dans le seul but de les enfouir pour les faire servir comme engrais, que l'on désigne sous le nom d'*engrais verts*. Pour qu'elles puissent atteindre ce but, il faut : 1° que ces plantes soient de celles que l'on nomme *améliorantes*, c'est-à-dire dont l'organisation présente plus de matière organique azotée qu'elles n'en ont puisé dans les parties solubles du sol et des engrais; 2° que la masse de tiges et de feuillages obtenue par leur culture soit assez grande et que l'indice de leurs principes quaternaires soit assez élevé pour qu'au prix des autres engrais elles compensent les frais qu'elles ont occasionnés.

239. Pour remplir la première de ces conditions, on recherche les plantes de la famille des légumineuses; ainsi, dans les terrains argilo-siliceux, surtout s'ils sont ocreux, on emploie le lupin blanc, qui ne réussit pas sur les terrains calcaires (Voyez *Appendice*, n° 4). Dans ceux-ci, on lui substitue la gesse, la jarosse, le pois gris. A Bologne, on prépare les récoltes de chanvre par l'enfouissement de la fève. Les crucifères fournissent aussi leur contingent aux engrais verts; ainsi, on cultive pour cet objet la navette en Alsace et dans le pays de Caux; la moutarde blanche, le sarrazin, que l'on enterre quand la récolte de sa graine ne promet pas une bonne réussite. M. de Voght a vanté la spergule pour les terrains sablonneux et humides; François de Neufchâteau rappelait qu'autrefois on s'était servi avantageusement du tabac. La richesse en azote de la tige de madia a fait penser à cette plante; on a vanté aussi l'enfouissement des tiges de citrouille. Les graminées et le seigle, que proposait Gilbert, sont exclus de cet emploi par leur peu d'aptitude à s'emparer des principes étrangers à l'humus soluble.

11

240. La condition de l'économie est la seconde que l'on doit s'efforcer de remplir. Sous ce rapport, il y a des circonstances où toute plante qui exige de la culture et un achat coûteux de graine est nécessairement exclue; il y en a d'autres où il pourrait être avantageux d'enfouir les fourrages et la luzerne même. Ainsi, supposons que ce fourrage vaille seulement 4 fr. les 100 kilogr., et qu'on ne puisse pas le faire consommer à un prix plus élevé, comme il dose 1.96 pour 100 d'azote, que celui-ci revient ainsi à peu près à 2 fr. le kilogr., et qu'on le paye jusqu'à 3 fr. et au delà en achetant du guano et des tourteaux, son enfouissement comme engrais serait un emploi économique de ce fourrage. Quant aux autres plantes que nous avons citées, après s'être assuré que le climat et le terrain leur conviennent et que l'on en obtiendra un herbage copieux, il faut mettre en balance la valeur de leur azote avec les frais qu'occasionne leur culture. Ces frais consistent en labour, hersage, fauchage, enfouissement, prix de la semence. Cet article est surtout fort important quand les graines sont grosses et chères.

241. Les effets des engrais verts sont assez prompts; les plantes imbibées de leur humidité propre fermentent rapidement et profitent à mesure aux récoltes. Après les avoir nourries, ils laissent encore dans le sol un terreau précieux pour les années qui doivent suivre, et l'on ne peut qu'être étonné qu'on n'en fasse pas plus souvent usage dans les pays où le défaut de capital restreint l'élève des bestiaux; dans ceux où les animaux sont exposés à de fréquentes épizooties, et enfin quand on veut commencer l'exploitation d'une terre dépourvue de fourrage et où l'on ne trouve pas à acheter une masse d'engrais suffisante pour mettre immédiatement le sol dans un état satisfaisant de fertilité.

242. Les divers engrais qu'on emploie à l'état vert ont la composition suivante en centièmes :

	E.	II. a.	S. a.	II. p.	S. p.
Lupin en fleurs. . .	75	0.47	1.87		
Fèves..	75	0.51	2.03	0.06	0.26
Trèfle en fleurs. . .	75	0.37	1.50	0.04	0.15
Spergule.	66	0.39	1,17		
Sarrasin.	70	0.16	0.54		
Madia sativa. . . .	66	0.22	0.66		
Navette..	80	0.74	3.70		
Pin.					
Buis.	60	0.43	1.07		
Roseaux.	60	0.43	1.07		
Goémon Facus Sac- chernus.	46	1.38	2.20		
Facus digitatus. . .	40	0.98	1.58		

Cinquième classe. — Matières végétales mortes.

243. Les matières végétales mortes sont employées comme litière sous les animaux, ou enfouies dans le sol. Elles ont pour 100 la composition suivante :

	E.	II. a.	S. a.	II. p.	S. p.
Paille de froment.	19.3	0.24	0.30	0.18	0 22
— de seigle . .	12.2	0.17	0.20	0.13	0.15
— d'avoine. . .	21.0	0.28	0.36	0.17	0.21
— d'orge. . . .	11.0	0.23	0.26	0.18	0.20

11.

	E.	H. a.	S. a.	H. p.	S. p.
— de pois.. . .	8.5	1.79	1.95	0.06	0.07
— de millet . .	19.0	0.78	0.96		
— de saromine.	11.6	0.48	0.54		
— de lentilles .	9.2	1.01	1.12		
— de fèves. . .	9.0	2.10	2.31	0.21	0.23
— de vesce.. .	10.0	1.08	1.20	0.16	0.18
— de riz. . . .	18.0	0.25	0.30		
— de maïs. . .	21.0	0.19	0.24		
Tiges sèches de to-pinambour. . . .	12.9	0.37	0.43		
Tiges de colza. . .	12.8	0.75	0.86	0.26	0.30
— d'œillette. . .	13.5	0.95	1.10		
— de pommes de terre.	76.0	0.55	2.30		
Feuilles de carottes.	66.0	0.85	2.49		
— de betteraves	89.0	0.04	0.45		
— de chêne . .	25.0	1.18	1.57		
— de peuplier.	51.1	0.54	1.17		
— de hêtre . .	39.3	1.18	1.91		
— d'acacia. . .	53.6	0 72	1.56		
— de mûrier. .	63.0	1.45	3.93		
Sciure de bois de sapin.. . . .	24.0	0.28	0 31	0.01	0.03
— de chêne . .	26.0	0.54	0.72	0.01	0.05
Sarments de vigne secs..	25.0	0.28	0.38		

244. Les marcs, pulpes et boutures diverses provenant de l'ébullition, de la pression, de la fermentation des graines et autres parties des végétaux fournissent beaucoup d'engrais généralement très-riches.

Les matières suivantes contiennent pour 100 :

	E.	H. a.	S. a.	H. p.	S. p.
Graine de lupin. . .	8.5	3.98	4.35		

	E.	H. a.	S. a.	H. p.	S. p.
Touraillons d'orge (radicelles de l'orge séparées du grain par la préparation de la bière). . . .	6.0	4.51	4.90		
Tourteau de lin. . .	13.4	5.20	6.00	3.32	3.83
— de colza. . .	10.5	4.92	5.50	3.88	4.34
— d'arachide. .	6.6	8.38	8.89		
— de madia.. .	11.2	5.70	5.06	3.40	3.83
— de caméline.	6.5	5.52	5.93		
— de chènevis.	5.0	4.21	4.78	1.03	1.08
— de pavots. .	6.0	5.36	5.70		
— de faîne. . .	6.2	3.31	3.53	1.09	1.16
— de noix.. . .	6.0	5.24	5.59	1.39	1.48
— de sésame. .	9.1	6.79	7.47		

(Le sésame blanc vient de graine de l'Inde ; le noir de graine d'Égypte).

	E.	H. a.	S. a.	H. p.	S. p.
— de coton. . .	11.0	4.02	4.52		
— d'olive.. . .	12.0	7.38	8.40		
Marc de pommes. .	6.4	0.59	0.63		
— de houblon. .	73.0	0.56	2.23		
— de raisin du Midi..	48.2	1.17	3.31		
— de raisin d'Alsace	68.6	0.63	2.00		
Pulpe de betteraves.	70.0	0.38	1.26		
— de pommes de terre.	73.0	0.53	1.95		
Eau des féculeries.	99.2	00.7	8.28		
— de rouissage du chanvre.			3.28		
— de rouissage du lin.			2.24		

Sixième classe. — Produits chimiques.

245. Les sels et produits chimiques suivants contiennent pour 100 :

	E.	H. a.	S. a.	H. p.	S. p.
Azotate de potasse.			13.78		
— de soude. .			16.42		
Chlorhydrate d'am-					
moniaque.. . . .			26.46		
Sulfate d'ammonia-					
que..			21.37		
Phosphate ammo-					
niaco-magnésie. .			15.82		41.6
Urine artific. de Sacc.:					
Eau. . . . . 97.0 ⎫					
Phosphate de soude. 2.5 ⎬	97.0	0.15	4.3	1.32	44.1
Sulfate d'ammon. . 0.4 ⎭					
Eau ammoniacale					
des usines à gaz.		3.18	26.98		

Septième classe. — Matières minérales naturelles.

1. Principe calcaire dominant.

246. Plusieurs substances minérales naturelles, dans
lesquelles le principe calcaire est dominant, contiennent, en outre, un peu de substance ammoniacale; tels
sont : le merl, le trez, la marne; comme elles sont mêlées avec une plus ou moins grande proportion de sable

et d'argile, on ne peut évaluer que par l'analyse la quantité de chaux qu'elles contiennent.

247. *Merl*. Le merl est formé de débris de coraux, que l'on recueille sur la côte de Cornouaille et de Devonshire, en Angleterre, et en France, à Belle-Isle, dans la rade de Brest, et principalement près de Morlaix, du 15 mai au 15 octobre, au moyen de dragues; il contient 0.052 d'azote pour 100. On emploie de 16,000 à 20,000 kilogrammes de merl par hectare tous les dix ans.

248. *Trez*. Le trez est constitué par des sables marins rassemblés à l'embouchure des rivières, surtout des côtes de la Manche; il renferme 0.014 d'azote pour 100.

249. *Tangue*. La tangue est une vase formée d'une terre plus fine que le trez; on la recueille sur les côtes de la Normandie et de la Bretagne; elle pèse 1,000 à 1,400 kilogramme le mètre cube, qui contient de 300 à 600 kilogrammes de chaux et de 0.34 à 1.95 kilogramme d'azote. On l'étend à la dose de 6 à 16 mètres cubes par hectare tous les 3, 4 ou 5 ans. On la mêle avec le fumier pour les céréales, ou on l'emploie seule et sans mélange sur les prairies, mais jamais la première année de son extraction. On a éprouvé qu'alors elle exerçait une action défavorable.

250. *Chaux hydratée*. Il faut se défier des chaux hydrauliques qui s'incorporent à la silice des champs et deviennent insolubles.

251. *Marne*. Avant de faire l'analyse chimique d'une marne, il faut la faire déliter en la mouillant et en sé-

parant les noyaux du carbonate de chaux insolubles. On ne doit compter, pour son effet, que sur la partie pulvérulente.

2. Matières fournissant du soufre.

252. *Gypse.* On ne peut compter sur la teneur en sulfate de chaux des pierres à plâtre ou gypse qu'après les avoir analysées, car elles contiennent beaucoup de matières étrangères quand elles ne sont pas cristallisées.

253. *Cendres pyriteuses de Picardie.* Outre les sulfates et diverses matières étrangères, les cendres pyriteuses de Picardie renferment encore 0.70 pour 100 d'azote à l'état sec.

254. *Cendres pyriteuses de forges.* Elles sont riches en matières azotées ; elles contiennent souvent 2.72 d'azote pour 100 à l'état sec.

255. *Oxysulfure de calcium.* Cette substance est un produit accessoire des fabriques de soude artificielle.

3. Matières contenant des phosphates.

256. Les cendres lessivées et non lessivées sont une source de phosphates ; les cendres non lessivées contiennent en outre des alcalis. D'après M. Berthier, les cendres suivantes contiennent, en acide phosphorique, pour 100, à l'état sec :

Charme.	8.8 à 10.0	Cytise	»	à 18.4
Hêtre.	5.4 5.7	Châtaignier. . . .	»	1.9
Tilleul	» 2.8	Aune.	7.7	11.0
Chêne.	8.0 7.0	Sapin du Nord. .	1.8	4.4
Coudrier..	4.8 5.5	Pin.	1.0	5.0
Écorce de chêne		Sarment de vigne.	7.8	43.2
(mottes).. . . .	0.0 0.0	Mûrier.	1.8	11.6
Chêne vert. . . .	0.0 2.8			

257. Les coprolites sont du phosphate de chaux qu'on trouve en Angleterre et ailleurs dans les grès verts; ils contiennent de 5 à 35 de phosphate.

4. Matières contenant de la silice soluble.

258. Toutes les cendres non lessivées contiennent d'autant plus de silice soluble qu'elles sont plus alcalines.

259. Les feldspaths sont des silicates d'albumine de potasse, de soude ou de chaux ; dans les feldspaths appartenant aux roches plutoniques, la potasse domine ; elle est remplacée par la soude ou la chaux dans les terrains volcaniques.

Huitième classe. — Mélanges des matières des différents règnes.

Fumiers.

260. Les fumiers composés de litière et de déjections des animaux diffèrent beaucoup entre eux, selon la nature et l'abondance de la litière relativement aux déjec-

tions auxquelles ils sont mêlés, selon aussi la quantité
d'eau dont ils sont arrosés. Les litières qui garnissent
le plancher sur lequel sont couchés les animaux consistent principalement en paille, en feuilles, et aussi en
terre siliceuse et quelquefois brûlée. On doit éviter autant que possible que cette terre contienne du carbonate de chaux, qui provoque le développement et la perte
de l'ammoniaque des déjections ; l'argile plus ou moins
siliceuse est préférable ; la chaux hydratée, les sulfates
de fer et de chaux contribuent à retenir les gaz ammoniacaux.

261. On appelle proprement *fumier* l'engrais tel qu'il
sort de l'étable. Quand, en dehors de l'étable, on le
mélange avec de la terre avant de s'en servir, il prend
le nom de *compost*.

262. On fait aussi des engrais avec les matières végétales que l'on fait fermenter en les mélangeant, autant que possible, de matières animales : urines, excréments, purin, lessives alcalines, etc.

263. On distingue plusieurs sortes de fumiers. Le
fumier de ferme normal est composé des déjections mélangées des différentes espèces d'animaux de la ferme ;
c'est celui qui est décrit par M. Boussingault, et qu'on
regarde comme type pour lui comparer les divers fumiers. Ces fumiers ont la composition suivante pour 100 :

	E.	H. a.	S. a.	H. p.	S. p.
1. *Fumier de ferme normal*.	79.0	0.42	2.00	0.21	1.00
2. *Fumier d'étable* (fumier de cheval). . .	60.6	0.79	2.08		

	E.	H. a.	S. a	II. p.	S. p.
3. *Fumier des fermes anglaises.*			1.80		2.25
4. *Fumier de Grignon*	70.5	0.72	2.45	0.59	2.00
5. *Engrais Jauffret,* résultant de la fermentation de matières végétales arrosées d'une lessive de fumier et d'alcali. .	80.0	0.15	0.73		

CHAPITRE XI.

Préparation à faire subir aux engrais d'étable.

264. Puisque les végétaux n'absorbent qu'à l'état de solutions les substances qui doivent leur servir d'aliment, notre premier soin doit donc être de les rendre solubles quand elles ne le sont pas ou qu'elles ne le sont qu'en partie. C'est ce qui s'opère par le moyen des différentes actions que nous avons décrites [117-119] sous le nom de catalyse, de fermentation et de putréfaction, après lesquelles les éléments de ces substances se trouvent isolés, ou bien se sont échangés et se sont convertis en principes solubles et capables même de servir de dissolvants aux principes purement minéraux. Dans ce premier degré de fermentation, la catalyse, il y a échange lent et paisible des éléments de substances entre elles, sans dédoublement et dégagement de gaz et sans échauffement très-sensible. Le ligneux, la cellulose, la fécule, se convertissent en dextrine, en glucose, en sucre. Dans un autre degré, la fermentation proprement dite, l'échauffement est sensible, l'oxygénation vive, les substances se dédoublent et leurs éléments fournissent du gaz acide carbonique et de l'ammoniaque, qui s'échap-

pent et se perdent ; enfin, au troisième degré, la putréfaction, la chaleur dégagée est considérable, l'évaporation rapide ; il se produit des gaz plus variés, infects :
de l'acide carbonique, de l'hydrogène, de l'hydrogène
sulfuré, carboné, phosphoré, de l'ammoniaque, etc.

265. La meilleure préparation des engrais sera celle
qui, en procurant la solubilité, occasionnera le moins de
déperdition des principes nutritifs ; celle qui se bornera à
la simple catalyse ou qui s'en éloignera le moins possible. C'est ainsi qu'agit la nature pour préparer l'alimentation de la jeune plante. Le germe, corps azoté,
est placé au sommet de la graine, en face d'une étroite
ouverture par laquelle il peut recevoir le contact de
l'air extérieur ; la masse de chaque graine semée est
peu considérable et isolée ; dès que la température est
suffisante et que la graine est humectée, le germe prend
les propriétés du ferment et le nom de diastase, et sous
son action la fécule se change en dextrine et en matières sucrées de différentes espèces, qui, par leur
solubilité, peuvent être absorbées par les radicelles de
la plante.

266. Mais cette séparation théorique de différents degrés de fermentation en trois ordres ne se fait pas aussi
régulièrement dans la nature. Ainsi, la fermentation du
terreau, dans le sein de la terre, tient à la fois de la
catalyse et de la fermentation ; il s'y forme des matières
sucrées, mais il se produit aussi de l'acide carbonique
[117-118]. L'air et l'oxygène affluent dans certaines
parties perméables du sol ; ils n'arrivent qu'avec difficulté dans d'autres parties plus compactes. C'est ce qui

se présente aussi dans la confection des fumiers : malgré tous nos efforts pour renfermer la fermentation dans les limites de la catalyse, il y aura toujours un peu de fermentation plus avancée; nous parviendrons seulement à borner la perte des principes fertilisants qu'elle ne manque pas d'occasionner.

267. Pour y réussir, il faut : 1° isoler les substances fermentescibles, pour qu'elles ne forment pas une masse continue; 2° les maintenir à une température peu élevée, de 12 à 15°, par exemple ; 3° rendre l'accès de l'air difficile, sans le supprimer entièrement. On obtient ces effets en déposant les substances exemptes, autant que possible, d'un commencement de fermentation, dans des fosses fermées, avec sept à neuf fois leur volume d'eau. Ces fosses sont préservées de l'action de la température extérieure, soit par leur enfoncement en terre, soit par d'autres précautions faciles à prendre; elles ne reçoivent l'air que par des soupapes, qui s'ouvrent pour laisser échapper la vapeur et les gaz qui s'y forment, quand leur pression est assez forte pour les soulever. Ces conditions sont celles que l'on cherche à réaliser pour la confection des engrais liquides, dans les fermes les plus avancées de l'Angleterre. Nous avons constaté nous-même qu'en mettant dans un ballon du foin sec, en y ajoutant neuf fois son volume d'eau, et le maintenant à une température moyenne de 12°, le bouchon à l'émeri pouvant jouer librement et s'élever sous la pression intérieure du gaz et des vapeurs, il y a eu une catalyse lente, très-peu de fermentation, simple odeur de foin, presque point d'acide carbonique, et au bout de trois

mois, l'infusion chargée des principes solubles du foin
a donné, par l'évaporation au bain-marie, un résidu contenant tous les principes azotés du foin, ce qui a été
constaté par l'analyse. Il est resté un *caput mortuum* de
ligneux qui peut servir comme amendement du sol.

268. Quand on applique cette méthode dans les étables, il faut avoir soin de précipiter à grande eau dans
les fosses toutes les déjections des animaux à mesure
qu'elles se produisent, et sans attendre que la présence
de l'air chaud y développe la fermentation et la putréfaction. L'usage des engrais liquides fut introduit en
l'année 1712, dans le canton de Zurich (1). Mais on y
permet un trop long séjour des matières derrière les
animaux : une trop petite quantité d'eau ajoutée, qui,
selon Maurice (2), ne serait que de trois fois le poids du
fumier, et des fosses mal couvertes, et recevant l'air
en abondance, causent une fermentation déjà trop forte,
comme le prouve l'odeur des liziers. Pour prévenir la
perte de l'ammoniaque, qui, dans ces conditions, est
assez considérable, les Suisses font souvent usage d'a-
cide sulfurique versé dans les fosses.

269. On connaît de réputation l'engrais flamand.
C'est un mélange de déjections humaines et d'eaux
ménagères que l'on additionne quelquefois de tourteau
pour le rendre plus riche, et que l'on délaye dans six
parties d'eau. Mais ces déjections sont tirées des fosses

---

(1) Tschiffeli, *Mémoires de la Société économique de Berne,* 2e partie,
p. 37.

(2) *Traité des Engrais,* 218.

d'aisances, où elles ont déjà subi une forte fermentation et une putréfaction qui continue dans les citernes.
Aussi, l'engrais flamand répand-il une odeur infecte.

270. Les avantages que présentent les engrais liquides sont nombreux ; ils offrent aux plantes des matières dissoutes dans l'eau qu'elles peuvent immédiatement mettre à profit. Arrosée de ces engrais, la
végétation se ranime, son vert devient plus foncé, son
accroissement plus rapide ; tandis que l'engrais solide,
dont une partie est insoluble, ne fermente que d'une
manière intermittente et incomplète, en traversant des
temps de sécheresse et d'humidité, de froidure et de
chaleur, et que la récolte qu'il produit ne dépend jamais que d'une partie de ses principes. Ainsi, le capital
des engrais liquides, comme dit Schwerz, peut faire
deux ou trois virements dans le même temps, au lieu
d'un seul qu'ils font quand ces engrais sont employés
sous forme liquide.

271. La supériorité de cette forme était déjà appré-
ciée par Mathieu de Dombasle, quand il attribuait une
valeur de 3 fr. à une tonne de 16 à 18 hectolitres de purin étendu de neuf fois son poids d'eau, et celle de 5 fr.
à 750 kilogrammes de fumier qui lui servaient de base.
L'indice de l'azote des 750 kilogrammes de fumier étant
de 3 kilogrammes d'azote, et le second ne contenant que
200 kilogrammes de matière sèche et dosant $2^k.80$ d'a-
zote, l'engrais liquide aurait eu, à dose égale, un effet
des $\frac{30}{28}$ de celui de l'engrais solide. — L'estimation de
cet auteur a été confirmée par l'expérience directe.
M. Barber ayant fumé deux parties de prairie, la pre-

mière avec de l'engrais solide, la seconde avec la même
dose d'engrais réduit à l'état liquide, a recueilli de quatre
à cinq fois plus de foin sous l'influence de ce dernier (1).
M. Moll professeur au Conservatoire des Arts et Métiers,
nous rapporte que, dans le Waesland, on obtient en
seigle et pommes de terre des produits égaux avec
44 à 66,000 kilogrammes de purin ordinaire et avec
60,000 kilogrammes de fumier. Ces engrais sont au
moins, pour leur teneur, en azote comme 1 à 9. Lui-
même a obtenu des succès égaux de l'emploi de 5,600
kilogrammes de fumier dosant 22^k.4 d'azote et de 210
kilogrammes d'excréments humains étendus de dix fois
leur poids d'eau, et dosant 0^k.94 d'azote dans la culture de la betterave. La proportion ne serait ici que de
1 : 2.4 (2).

272. On peut appliquer les engrais liquides à toutes
les époques de l'année, à tous les degrés de la vie des
plantes, pourvu qu'alors la terre ne soit pas trop sèche,
afin qu'elle n'absorbe pas l'engrais à son passage et
ne l'empêche pas de pénétrer jusqu'aux racines. Or,
c'est là un avantage immense, car la végétation a ses
périodes d'activité et de repos. Par exemple, la végétation du blé, qui commence avec la germination, a besoin alors de trouver un engrais abondant; puis elle
s'arrête en hiver; ne recommence que lentement, quand
la température moyenne monte à 6°; mais dès qu'elle
arrive à 12°, les facultés vitales de la plante se rani-

(1) *Board of health informat. on thesewer water,* 1852, p. 107.
(2) *Correspondance.*

12

ment, sa croissance est rapide, et plus on lui fournit de
l'engrais soluble, plus son développement est considérable. A l'époque de la floraison, nouvelle crise; alors
le développement se fait dans l'épi, où se forme le grain.
Si, à ces différentes époques, nous pouvons fournir un
engrais abondant et tout préparé, ses effets seront tout
autres que si, pendant tout le cours de la végétation,
nous donnions une dose uniforme et bornée de matières
solubles. Dans le premier cas, nous suivons le développement de la plante dans son cours, nous l'aidons effi-
cacement dans chacun de ses efforts; dans l'autre, nous
semblons croire que la vie a une marche uniforme, et
nous ne nous occupons pas de ses inégalités. Donnez
habituellement la main à votre enfant pour l'aider à
marcher, elle ne lui donnera pas la force de franchir un
obstacle, comme le ferait l'appui plus réel que vous lui
donneriez au moment de prendre son élan.

273. Les inconvénients des engrais liquides consistent dans les avances nécessaires pour l'entretien des
réservoirs et l'appropriation des étables, mais surtout
dans la masse de ces engrais, huit ou neuf fois plus
considérable que celle des engrais sècs, et qui augmente le prix de transport dans une égale proportion.
Ajoutez la difficulté de ces transports sur des champs
en pleine végétation et dans un état humide, où le vé-
hicule et les pieds des chevaux causent du dégât, ce
qui force à renoncer à un des plus grands avantages de
ces engrais, celui de pouvoir être reportés aux différentes phases de la vie des plantes. Quel que soit le degré de perfection que les Allemands ont apportée à la

construction des chars qui transportent et répandent l'engrais (1), ils n'obvient pas à ces inconvénients.

274. C'est à M. E. Chadwick que l'on doit la nouvelle méthode de transport des engrais liquides qui est mise en usage dans les fermes les plus perfectionnées de l'Angleterre, d'où, sans doute, elle se répandra partout où l'on en comprendra l'utilité (voyez *Appendice*, n° 5). Son invention consiste à élever l'engrais liquide à un niveau supérieur à celui du champ le plus haut où on veut le faire parvenir; à le conduire, sous cette pression, et par des tuyaux de fonte ou d'autres matières susceptibles d'y résister, dans des regards situés en tête de chaque champ; à y établir un robinet auquel vient s'adapter un tuyau flexible de gutta-percha, au moyen duquel des ouvriers dirigent sur la surface du terrain le jet continu d'engrais qui en sort. Au point de départ, on élève l'engrais puisé dans les fosses dans le réservoir supérieur (château d'eau), au moyen d'une pompe mue par la vapeur ou par des chevaux. Il y aura un grand avantage à placer les bâtiments d'exploitation des fermes dans une position qui domine les champs, pour éviter ce travail mécanique. Il faut seulement s'assurer que l'on y trouvera les 55 à 60 mètres cubes d'eau par hectare à fumer que nécessite la préparation de l'engrais (*Appendice,* n° 6).

Les frais de transport, dans une ferme de 96 hectares dont la distance moyenne à parcourir serait de

---

(1) Schwerz, *Engrais,* p. 200. Une description et une figure.

12.

150 mètres, seraient à ceux des transports des engrais secs, environ comme 100 : 16, avec des tuyaux de conduite en fer; mais cette différence de prix s'évanouit devant les avantages supérieurs que l'on retire des engrais liquides, si l'on considère qu'on les trouve encore avantageux transportés par voitures, alors que les frais sont presque décuples de ceux des engrais secs.

275. En partant des principes que nous avons indiqués [267], on fabriquera les engrais solides en mettant les matières à l'abri de l'air par la compression, par l'interposition des substances qui l'arrêtent ou l'entravent à son passage, ou qui absorbent son oxygène à son entrée et l'ammoniaque à sa sortie. Telle n'a pas été la méthode suivie jusqu'ici, et l'on ne peut calculer l'énorme quantité de gaz fertilisant qui a été et qui est encore perdue chaque année par les vices de la fabrication. En effet, on mêle les déjections des animaux avec une litière qui absorbe mal la partie liquide, et qui tient les parties solides soulevées et accessibles de toutes parts à l'air; on enlève fréquemment les fumiers, en les éparpillant, et on les place sur un tas commun sans les presser; dans cet état on les laisse exposés à l'action du soleil et des vents, et le plus souvent on les abandonne dans une fosse qui reçoit les égouts de toutes les toitures de la ferme, et qui étant remplie, laisse écouler au dehors l'extrait le plus précieux du fumier; par des arrosages et des retournements fréquents, on l'entretient dans un état continuel de fermentation, et l'on cherche à réduire en terreau la paille de litière, sans penser qu'avant d'avoir agi ainsi sur les ligneux, la fermenta-

tion a été achevée pour les déjections et les urines, et en a fait disparaître l'ammoniaque. Nous avons montré ailleurs (*Cours d'Agriculture*, t. I, p. 595) que par ce traitement le fumier perd la moitié de sa masse et les 0.65 de son azote, et M. Payen a constaté que l'urine peut perdre 0.70 de son azote en trente-quatre jours.

276. On a senti les vices de ce mode de fabrication, et l'on a cherché à l'améliorer, en abritant le tas de fumier contre le vent et contre le soleil par des murs et des toits; en empêchant les eaux pluviales des bâtiments environnants d'affluer dans la place à fumier; en substituant une plate-forme aux fosses où on l'enterrait, ce qui facilitait d'ailleurs son chargement; en tassant fortement le tas à mesure qu'il s'élevait, en y faisant passer même les animaux pesants; en l'arrosant avec le purin qui s'en écoule et qu'on recevait dans une fosse, pour maintenir son humidité et l'empêcher de s'échauffer et de fermenter trop vivement; en se gardant bien de le retourner avant de l'employer. Ce sont là de véritables progrès, mais qui ne satisfont pas encore complétement aux *desiderata* de la science.

277. Plus tard, on a cherché à arrêter les gaz ammoniacaux qui s'échappent des fumiers, en les arrosan avec de l'acide sulfurique allongé d'eau ou avec une solution de sulfate de fer, ou bien en les stratifiant avec du sulfate de chaux. Bréant, Payen et Chevalier avaient d'abord appliqué ce procédé aux matières fécales, et Schattenmann en a proposé l'emploi pour les fumiers. Nous avons montré (*Cours d'Agriculture*, t. V, p. 553) le peu d'économie du sulfate de fer et l'incomplète efficacité

du sulfate de chaux. M. Salmon a proposé de stratifier le fumier avec une poudre charbonneuse provenant de la combustion de vases de rivière, de boues de ville, de terreau, etc. Cette méthode est bonne quand on peut se procurer facilement ces matières. Les dernières expériences de M. Payen (1) ont prouvé que le moyen le plus efficace était, pour arrêter l'ammoniaque, de stratifier le fumier, soit dans les étables, soit sur les tas extérieurs, avec la chaux hydratée, l'argile, l'argile brûlée, et que la craie, la marne, la paille, hâtaient au contraire leur décomposition.

278. Pour fabriquer les fumiers méthodiquement et avec économie, il faudra recevoir les déjections sur une couche de matière absorbante et conservatrice, par exemple, de l'argile brûlée, les en recouvrir encore par intervalles, et aussi souvent qu'il est nécessaire pour que le lit de l'animal soit sec et propre. Il faut éviter que la litière terreuse passe à l'état pâteux; les animaux y enfoncent leurs pieds et les en retirent avec effort. On a cru remarquer à Mettray que cette incommodité avait causé des avortements dans la vacherie. Les couches de déjections et de matières terreuses ainsi ajoutées successivement, on conçoit que le lit de l'animal monte à mesure, et il faut hausser en même temps le râtelier et la mangeoire, qui sont rendus mobiles. Dans les étables dont le plancher est bas, la place des animaux peut être creusée au-dessous du niveau du sol.

_____

(1) *Journal d'Agriculture pratique,* 3ᵉ série, t. vii, p. 135, 190, 377.

Le fumier ainsi traité peut rester plusieurs mois sous
les animaux sans inconvénient pour eux, car il ne répand aucune odeur, et avec avantage pour sa qualité,
car constamment pressé et piétiné, et entouré de matières peu perméables, il ne s'y opère qu'une lente catalyse
et point de fermentation. Cette méthode, qui commence
à se répandre dans les pays avancés, dont M. Decrom-
becque a eu l'initiative dans le Pas-de-Calais, fait disparaître les fumiers des cours de ferme, et les maintient
dans un état de propreté qui contraste avec leur féti-
dité actuelle.

279. Il est un autre moyen de préparer les fumiers
en supprimant provisoirement leur fermentation. Il
consiste à les dessécher à mesure de leur production.
Ce moyen peut souvent être employé dans les contrées
du Midi, il dispense de toute construction spéciale,
mais il exige un balayage fréquent des écuries. On ex-
pose au soleil les déjections et les litières pailleuses et
terreuses, et, dans l'été, une seule journée suffit pour
les dessécher complétement; alors on les entasse et on
les garde en réserve jusqu'au moment de s'en servir.
Si la dessiccation n'avait pas été assez complète, le tas de
fumier s'échaufferait et fermenterait, il s'établirait une
végétation fongeuse (le blanc de fumier), qui vivrait
aux dépens de ses principes fertilisants et détruirait sa
qualité. Il est donc bien important de surveiller le tas
de fumier sec que l'on forme, et si sa température s'é-
lève au-dessus de la température ambiante, il faut l'ou-
vrir pour le sécher à fond. Quand le moment de se servir de cet engrais approche, on peut arroser les tas, il s'y

établit bientôt une fermentation que l'on arrête à temps en le transportant sur le terrain à fumer.

280. D'habiles agriculteurs ont conseillé aussi de porter immédiatement aux champs le fumier de chaque jour. Cette pratique peut être bonne si on l'enterre immédiatement dans un sol de nature propre à retarder la fermentation et à retenir les gaz qui s'en échappent. Il en serait autrement s'il s'agissait de terrains légers, facilement perméables à l'air, ou dans ceux qui contiennent du carbonate de chaux en certaine quantité. On doit dire aussi que ces transports fréquents et ces labours continuels, qui ne peuvent pas occuper la journée entière d'un ouvrier dans les fermes de grandeur ordinaire, rompent la régularité des travaux, mettent de l'inégalité entre les fumures des divers terrains qui ont reçu l'engrais depuis un temps plus ou moins long ; aussi cette méthode a-t-elle été plus vantée que suivie.

281. L'engrais Jauffret, ainsi nommé du nom de celui qui l'a préconisé et qui a cru l'avoir inventé, est connu et usité de temps immémorial dans les parties de notre Midi où l'on peut se procurer abondamment des matières végétales : roseaux, plantes aquatiques, racines, etc. Ces matières contiennent beaucoup de ligneux, il est nécessaire de provoquer leur fermentation pour les désagréger. Auprès d'une fosse ou puisard où l'on peut se procurer de l'eau, on établit le tas de ces végétaux, que l'on arrose à mesure qu'on le monte avec de l'eau pure, ou mieux avec de l'eau animalisée par l'addition de fumier de ferme que l'on y fait macérer,

et aussi par des lessives alcalines dans le genre de celle qui est proposée par Jauffret. Le tas s'échauffe, et l'on a soin de modérer l'élévation de sa température par des arrosages fréquents. Au bout d'un mois, plus ou moins, la masse contient assez de parties solubles pour pouvoir être employée avec avantage.

282. Nous ne finirons pas ce chapitre de la préparation des engrais, sans dire que les phosphates restants dans les os et les coprolithes sont insolubles dans l'eau pure ; qu'ils sont solubles dans l'eau chargée d'acide carbonique, mais qu'il est difficile de se procurer une quantité suffisante de cet acide, et que d'ailleurs son action est lente. Aussi, pour donner à ces phosphates la solubilité nécessaire, les mêle-t-on, après les avoir pulvérisés, avec leur poids d'acide sulfurique.

CHAPITRE XII.

Des engrais relativement à la nature du sol.

283. Les propriétés physiques des terrains entraînent des conséquences agricoles qui seront l'objet de
nos études quand nous traiterons de l'habitation des
plantes. Ici, nous n'avons à nous occuper que de leur
alimentation, et c'est seulement sous le rapport de leur
composition chimique que nous avons à les considérer.

284. On a souvent cherché à faire une classification
des plantes d'après les éléments minéralogiques du
sol sur lequel elles paraissent le mieux prospérer. On
a distingué les plantes en siliceuses, calcarophiles, etc., mais il a été impossible jusqu'ici de citer
une seule espèce croissant sur le calcaire, par exemple,
et que l'on n'ait pas rencontrée aussi sur des sols qui
passaient pour manquer de cette base, parce que, peut-
être, on ne l'y avait pas cherchée. Ainsi Hrachaver (1)
trouvait l'*erica herbacea* sur le basalte, sur le gneiss

_____

(1) *Annales de Liebig,* 59.

micacé, quoique cette plante passât pour ne croître que sur des terrains calcaires; mais en même temps une analyse soignée lui faisait reconnaître la chaux dans ces roches. On n'a pu encore citer aucune plante qui fût exclusivement propre à certains terrains; un examen approfondi a fait voir que leur station se rapportait principalement à l'état de pulvérisation, d'hygroscopicité, des sols qu'elles habitent, et qu'on les trouve dans deux sols de compositions tout à fait différentes, quand ils se trouvent tous deux dans le même état physique.

285. Mais autre chose est l'existence individuelle, accidentelle, maladive des plantes qui ne trouvent dans le sol qu'une faible dose des principes qu'elles doivent absorber; autre chose, la multiplication abondante, le développement complet, la santé brillante dont jouissent les plantes qui y trouvent largement les principes alimentaires qui leur conviennent. Ainsi, quoique, dans le sens absolu, il ne soit pas exact de dire qu'il y a des sols exclusifs de certaines plantes, on peut affirmer qu'il y en a qui sont favorables à une végétation spéciale. C'est ce que les botanistes reconnaissent au premier coup d'œil, en examinant, non plus les individus isolés, mais les associations et la masse des plantes naturelles à certaines localités. Et en agriculture, nous pouvons signaler des végétaux réellement calcarophiles, d'autres siliceophiles ou psammophiles. Il suffit pour s'en convaincre de se rappeler les effets de la marne et de la chaux sur les fromenls et les légumineuses des terrains argilo-siliceux; de même que l'on

peut citer le lupin, qui refuse de fructifier sur les terrains calcaires, et qui prospère dans les terrains siliceux et ochreux. Nous admettons donc que si la vie de
la plante ne dépend pas absolument d'une dose déterminée de tels ou tels principes de sol, sa prospérité ou
son état de langueur dépend de l'abondance ou de l'absence de ces principes. Or, ce n'est pas un herbier
que nous prétendons faire, mais des produits que nous
voulons obtenir ; nous devons donc tenir grand compte
de la composition chimique des sols dans le choix que
nous en faisons pour les cultures diverses, et leur
étude nous conduit aussi à rechercher les engrais qui
peuvent servir de complément à leur composition incomplète (*Cours d'Agriculture,* t. I, p. **238**).

286. Dans cet ordre de considérations, nous pour-
rions instituer autant de classes de terrains que l'on a
reconnu d'éléments nutritifs de végétaux, et nous les
caractériserions par la présence ou l'absence de quelques-uns de ces éléments ; mais la pratique n'exige pas
une si minutieuse division, et nous devons nous borner
à signaler les principales classes qu'elle nous a fait
connaître, et qui sont les suivantes :

A.   Terres manquant d'humidité.
B.   —   de terreau.
C.   —   de substances albuminoïdes.
D.   —   de calcaire.
E.   —   d'alcalis solubles.
F.   —   de phosphates.
G.   —   de sulfates.

287. A. *Terres manquant d'humidité.* L'humidité peut

manquer habituellement toute l'année ou pendant certaines saisons. Les terres sont dans cet état quand, dans la période de temps pendant laquelle elles pourraient porter une récolte, elles ne conservent pas habituellement 0.15 de leur poids d'eau, à $0^m.33$ de profondeur. C'est par l'irrigation que l'on remédie à ce défaut [113].

287. B. *Terres manquant de terreau.* Il y a deux manières de constater ce déficit : ou par la combustion, ou par le dosage de l'acide carbonique confiné dans le sol. Dans la méthode de la combustion, il faut que la dessiccation qui la précède soit complète, pour ne pas s'exposer à compter comme du terreau l'eau que l'on n'aurait pas expulsée. On doit donc prolonger la dessiccation au bain d'huile aussi longtemps que la terre perd de son poids. Quand on opère bien, on reconnaît que pour être suffisamment fertile, la terre doit contenir au moins $\frac{4}{100}$ de son poids de matières organiques. Le dosage de l'acide carbonique, tel que M. Boussingault l'a enseigné, est plus difficile, mais beaucoup plus sûr, et il paraît que le sol, tel que nous venons de l'indiquer, doit contenir au moins 4,000 litres d'acide carbonique par hectare. Dans ses expériences, le sous-sol siliceux n'en renferme que 741 litres, une terre récemment fumée, 80,545 litres [130].

288. On fournit du terreau au sol qui en manque en employant du fumier à litière végétale, de l'engrais Jauffret [281], et surtout en enfouissant des engrais verts [238].

289. C. *Terres manquant de substances albuminoïdes.* La pauvreté des récoltes, même sur des terres suffi-

samment pourvues de terreau, annonce assez le manque
d'engrais azotés. On sait bien qu'il y a un maximum
dans la quantité de ces matières qu'il y aurait de l'inconvénient à dépasser, mais on est si loin d'y atteindre, et il est si facile et si profitable de tirer parti de
cet excédant, que l'on peut regarder comme général
l'état des terres où il convient d'appliquer des substances albuminoïdes libres, car on sait aussi que
dans certaines combinaisons, l'ammoniaque du sol
n'est que partiellement à la disposition des plantes
[134]. On reconnaît la quantité d'ammoniaque libre
que contient le sol en le lessivant et en dosant l'eau
de filtration (1). Mais on en juge aussi dans la pratique
par le résultat des récoltes, en divisant l'indice de l'a-
zote des récoltes par l'épuisement moyen qu'elles causent au sol. Le quotient donne l'indice de l'azote qui
fait partie de l'ammoniaque libre du champ, pendant la
végétation des récoltes. Ces recherches ne peuvent
donner un résultat approché que quand elles ont été
faites sur des récoltes qui n'ont pas été notoirement
contrariées par les intempéries. Ainsi, soient les récoltes suivantes faites sur un hectare :

	Azote de la récolte.	Épuisement causé par la récolte.	Azote de l'ammoniaque du terrain.
	kil.		kil.
17,000 kil. de pommes de terre.	83.3	0.46	184
30 hect. de froment. . . .	61.5	0.29	208
50 hect. d'avoine.	60.0	0.40	150
30 hect. de colza	81.6	0.36	227

(1) *Comptes rendus*, t.xxxvii, p. 207.

Il reste donc probablement après la récolte, savoir :

Sur le champ de pommes de terre. $184^k - 83.3 = 97.7$
— de froment. . . . $208^k - 64.5 = 146.6$
— d'avoine. . . . . $150^k - 60.0 = 90.0$
— de colza. . . . . $227^k - 84.6 = 144.5$

Sachant ensuite la quantité d'engrais azoté qu'exige la récolte qui va suivre, on connaîtra l'indice de l'engrais complémentaire que l'on doit appliquer (1).

290. D. *Terrains manquant de calcaire.* Le précipité opéré par l'oxalate d'ammoniaque dans une dissolution acide de la terre indique la présence du calcaire, comme l'absence de ce précipité est le signe qu'elle manque de cet élément. Les sols qui n'ont pas de calcaire ont une végétation caractérisée par plusieurs plantes, parmi lesquelles la *petite oseille* et les *oxalis* se font remarquer; dans ceux qui possèdent de la chaux, on trouve le *trifolium fragiferum,* les *mélilots,* les *ononis,* la *centaurea calcitrapa,* et des plantes labiées.

291. On supplée au calcaire qui manque au sol, en lui appliquant une dose de chaux hydratée ou de marne équivalente, au moins, à la consommation que peuvent en faire les cultures, et en supposant qu'une grande partie de cette quantité ne pourra être atteinte par les racines des plantes. Les récoltes les plus exigeantes en chaux sont celles qui produisent 1,000 kilogrammes de filasse de chanvre, emportant 682 kilogrammes de chaux; celle de 8,000 kilogrammes de trèfle, qui en

---

(1) Pour l'indice de dosage des plantes et le facteur de l'épuisement, *voyez Cours d'agriculture,* t. III et IV.

exige 132 kilogrammes : celle de 3,000 kilogrammes de froment n'enlève au champ que 34 kilogrammes de calcaire, et celle de 29,000 kilogrammes de pommes de terre que 36 kilogrammes. Ainsi, dans cet assolement, 1, pomme de terre, 2, blé, 3, trèfle, 4, blé ; nous devrions fournir à la consommation $36 + 34 + 152 + 34 = 256$ kilogrammes de calcaire ou 64 kilogrammes par hectare et par année moyenne. Or, voici ce qui se passe dans la pratique : on administre sous forme de chaux hydratée 350 kilogrammes de chaux pure par année moyenne, et 1,000 kilogrammes de chaux pure sous forme de marne pulvérulente; c'est-à-dire, dans le premier cas, six fois la quantité qui serait absorbée par les plantes, et dans le second, seize fois cette quantité; mais la chaux n'est distribuée que de trois en dix ans; la marne de huit à trente ans d'intervalle, en proportionnant la dose à l'intervalle qui sépare ces répandages.

292. E. *Terres manquant d'alcalis solubles.* Il y a des terrains, surtout ceux qui résultent de la décomposition et du lavage des roches quartzeuses et de schistes micacés, qui manquent d'alcalis; mais ils manquent aussi de chaux et de terreau. C'est par le moyen de fumiers abondants que l'on remédie le mieux à ce défaut. Les pierres à chaux, qui renferment presque toutes des sels de soude et de potasse (1), sont aussi très-propres à la fertilisation de ces terrains, ainsi que les cendres non lessivées.

---

(1) Kuhlmann, *Expériences,* p. 34 et suiv.

293. Il y a des terrains plus nombreux où une analyse complète fait reconnaître la présence des alcalis, mais dans l'état d'insolubilité. Ce sont, en général, des terres abondantes en argile, et l'on remarque que les graminées peuvent y avoir un grand succès avec des engrais purement azotés (les tourteaux et les sels ammoniacaux, par exemple), tandis que l'on n'y obtient que difficilement des récoltes notables de pommes de terre, de trèfle, de colza, de tabac, etc., et des autres plantes qui exigent une grande abondance d'alcalis.

294. Quand ces terrains ne renferment pas de chaux, c'est principalement par l'application de la marne et de la chaux qu'on leur fournit de l'alcali soluble [294]; mais on rend soluble celui des terres marneuses par les labours fréquents, qui présentent successivement à l'action de l'air et de l'acide carbonique les particules désagrégées de la terre. C'est dans de semblables terrains que la jachère complète a un effet que l'on pourrait difficilement attendre des engrais.

295. Mais l'opération la plus énergique et la plus utile dans ce cas consiste dans le brûlement des argiles, qui dispose les silicates à une plus grande solubilité, et l'argile à absorber plus facilement les gaz ammoniacaux. Quand cette opération est faite par la combustion des gazons, que l'on découpe par tranches et dont on fait des fourneaux, elle prend le nom d'*éco-buage* (*Cours d'Agriculture*, t. III, p. 348). On a aussi brûlé des argiles qui ne portaient pas de gazons, mais alors il faut être très-circonspect sur la température à laquelle on les soumet. Une température médiocre rend

13

les silicates plus solubles, mais une haute température détermine une vitrification qui diminue leur solubilité. Dans les expériences faites à ce sujet, on a trouvé que l'argile qui, dans son état naturel, donnait 0.489 d'alcalis pour 100, en donnait 1.277 quand elle avait été exposée pendant une demi-heure à une chaleur rouge, en vase clos ; 0.826 quand elle avait été calcinée à l'air libre ; et 0.548 quand elle avait subi pendant trois heures, à l'air libre, une chaleur rouge intense (1).

296. F. *Terrains manquant de phosphates.* C'est en étudiant les effets du noir de raffinerie comparés à ceux des autres engrais que l'on a pu signaler les terrains qui manquent de phosphates, et l'influence considérable que la présence ou l'absence de ces sels ont sur la production agricole. A peine ces faits ont-ils été connus, qu'on a cru voir partout le besoin de phosphates ; c'est ce qui arrive à toute nouvelle observation, que l'on cherche toujours à convertir en théorie générale. Les terrains privés de phosphates sont cependant assez nombreux, et comme nous ne possédons pas un réactif sûr et commode, la nécessité d'opérations compliquées pour les reconnaître a été cause que l'on a préféré le plus souvent admettre, sans preuve, l'absence des phosphates, qui cependant existent dans beaucoup de terres, et en particulier dans presque toutes celles qui contiennent l'élément calcaire. Il y est rendu soluble par l'acide carbonique dont se chargent les eaux de pluie, en traversant les sols riches en terreau.

---

(1) *Quarterly Journ. of Agric.*, 1851, p. 101 et 109.

297. Il semble que l'ajonc (*ulex Europœus*) et les bruyères soient une indication presque certaine des terrains qui manquent de phosphates. Ces plantes y déposent, d'ailleurs, un terreau très-chargé de tannin, très-nuisible à la végétation de la plupart des plantes. Aussi l'écobuage qui détruit le tannin, et l'application de la chaux qui le neutralise, leur sont-ils très-favorables; mais même alors toute leur fertilité ne se manifeste pas comme après qu'ils ont reçu du noir de raffinerie, dont les effets semblent tenir du miracle. Une très-petite dose de cette substance (4 hectolitres et demi par hectare) mouillée, brassée avec les graines pour les enduire de cette poudre (opération qui prend le nom de *pralinage*), fait produire de belles récoltes, là où le blé aurait eu peine à grainer, et où la chaux n'avait donné que des récoltes beaucoup moindres. Le noir neuf, n'ayant pas servi à la raffinerie, produit des effets beaucoup moindres. Maintenant que s'est-il passé dans l'opération du raffinage du sucre? Le noir qui en résulte a été associé à des matières albuminoïdes; il est resté du sucre attaché au noir, et ce sucre en fermentation a produit de l'acide carbonique et de l'acide acétique; ces acides attaquent le phosphate des os et le rendent soluble, sans qu'il soit besoin de supposer l'existence d'un acide organique dans le sein de la terre; et comme la substance azotée ne serait pas suffisante pour produire l'effet observé, il faut bien l'attribuer en grande partie aux phosphates. Maintenant, que se passe-t-il quand on associe le noir à un marnage et à un chaulage qui paraissent en détruire les effets? Le phosphate de chaux re-

13.

passe-t-il alors à l'état insoluble en se saturant de chaux ?

298. On emploie aussi, mais avec un succès moins
saillant, sur les terres de bruyère les cendres lessivées
à raison de 20 hectolitres par hectare ; la poudre d'os à
celle de 15 à 20 hectolitres ; les coprolithes à raison de
15 hectolitres. La réussite de ces substances, qui
toutes contiennent du phosphate de chaux, est plus
assurée si on les a traitées d'avance par l'acide sulfurique [282], mais il est bien entendu que les phosphates seuls, même associés à un peu de substance
azotée, ne produisent tant d'effet que sur les terrains
bien pourvus de terreau, et que dans ceux qui en sont
dépourvus, ils n'en produisent aucun.

299. G. *Terrains qui manquent de sulfates.* Nous avons
vu [48] sur quelles plantes et dans quelles circonstances
les sulfates paraissent agir énergiquement sur la végétation. Si, aux terrains qui en manquent, on applique
une certaine dose de sulfate de chaux (300 kilogrammes
de sulfate de chaux pur par hectare) pulvérisé, cru ou
cuit, enterré dans le sol ou répandu sur les plantes en
végétation, les produits de ces plantes en sont nota-
blement accrus. Les cendres pyriteuses à la dose de
4 à 6 hectolitres sont souvent substituées au sulfate de
chaux, dans les cas dont nous avons parlé.

300. On pourrait étendre bien plus encore le cadre
des terres signalées par l'absence de tel ou tel élément.
Certains terrains blancs paraissent manquer de fer, et
quoique l'analyse en fasse trouver quelquefois, l'application des terres ocreuses leur sera très-avantageuse, si
ce n'est pour leur fournir cet élément, au moins pour

modifier leur couleur et les rendre plus susceptibles d'absorber la chaleur lumineuse; mais alors l'ocre n'est pas considérée comme servant à l'alimentation de la plante, mais comme amendement du sol, objet réservé pour la deuxième partie de cet ouvrage.

CHAPITRE XIII.

Engrais spéciaux des plantes.

301. En voyant les analyses des plantes se résoudre toutes en principes identiques et ne différant que dans leurs proportions, on s'est demandé si la même alimentation ne convient pas à tous les végétaux, et cette opinion a passé, pendant quelque temps, pour un axiome en agronomie (1).

302. T. de Saussure fit faire un pas de plus à la théorie, en montrant que le végétal n'assimilait pas les substances solubles du sol en raison de leur abondance; que dans une solution composée de plusieurs substances, il absorbait en plus grande quantité tel ou tel principe (2); M. Chevreul nous a fait pénétrer plus avant encore dans la question, en faisant voir que certains tissus ont la propriété de dédoubler les solutions,

---

(1) Duhamel, *Physique des arbres,* t. ii, p. 209.

(2) *Recherches sur la végétation,* 247 ; Trinchinetti, *Du Pouvoir absorbant des plantes,* et *Cours d'Agriculture.* t. i, p. 487.

de s'approprier une plus grande proportion de l'eau et des sels qu'elles contiennent (1) ; enfin l'on a cru que les plantes excrétaient, soit par les racines, soit à la surface de leurs feuilles, une partie des sels qu'elles ont absorbés (2).

303. Il fallait conclure de tous ces faits que, quoique formées des mêmes éléments, il ne suffisait pas seulement que les plantes les trouvassent dans le sol pour qu'elles pussent s'en nourrir, qu'il fallait encore que leur état, leur association, leur abondance relative, leur permissent de s'emparer de ceux qui leur étaient convenables, sans que d'autres principes vinssent en détruire l'effet, en empêchant ou contrariant les nouvelles combinaisons qui se passent dans l'intérieur des végétaux, et devenant des poisons pour certaines espèces, tout en étant salutaires ou indifférentes pour d'autres.

304. Il faudrait donc être parvenu à connaître le genre d'alimentation qui convient à chaque espèce de plante, pour se flatter de porter l'agriculture à sa plus haute perfection ; nous sommes encore bien éloignés de ce point. Ici la chimie ne nous offre plus son secours; car l'expérience agricole seule peut nous instruire, et pour une science qui avait la prétention de se créer par elle-même et sans appui étranger, elle a assez peu travaillé pour résoudre ces problèmes. Certaines plantes

---

(1) *Comptes rendus,* 6 juillet 1853, p. 581 et suiv.
(2) *Cours d'Agriculture,* t. v, p. 49.

ont des besoins si impérieux, que l'on n'a pu les méconnaître. Elles ont indiqué le régime qui leur convient par des succès et des revers si tranchants, que l'on a appris à leur fournir les substances qui leur sont nécessaires. Mais quant à toutes les autres, qui ont aussi leurs prédilections et leurs conditions d'alimentation moins apparentes, nous en sommes souvent à ne pas savoir expliquer les bizarreries que présentent leurs récoltes, et dont l'abondance ou la mi - sère ne semblent pas s'accorder avec les saisons qu'elles ont traversées et le traitement cultural qu'elles ont reçu. Aucune expérience n'a été faite pour nous mettre sur la voie de ces explications, et il est bien temps cependant de se mettre à l'œuvre.

305. Parmi les plantes qui manifestent un besoin spécial de certaines substances dans leur alimentation, nous devons mettre au premier rang les fourrages légumineux, la luzerne, le sainfoin, le trèfle [48-50]. Nous avons dit que **200** à **300** kilogrammes de sulfate de chaux pur doublaient ou triplaient leur produit sur les terrains qui manquent de ce sel. Or, voyons ce qui se passe à leur égard.

306. Nous avons une analyse de luzerne récoltée à Orange, faite par **M. Berthier**, et une analyse de trèfle d'Alsace par **M. Boussingault** (1). Les terrains d'O-- range contiennent du plâtre, le trèfle d'Alsace avait été plâtré.

---

(1) *Économie rurale*, t. II, p. 49.

	LUZERNE.	TRÈFLE.	1 hect. de luzerne produit 80,000 k. de fourrage.	1 hect. de trèfle produit 9,000 k. de fourrage.
			kil.	kil.
Chlore.	0.272	0.216	217.6	19.44
Acide sulfurique . .	0.419	0.193	335.2	17.37
Acide phosphorique.	0.314	0.513	251.2	46.17
Potasse.	1.056	2.077	846.8	181.53
Soude.	0.183	0.057	146.4	5.13
Chaux.	3.515	1.676	2,812.0	150.84
Magnésie..	0.034	0.382	27.2	34.38
Silice.	0.140	1.151	112.0	103.59
Matières organiques.	94.067	93.795	7,5253.6	8,441.55
	100.000	100.060	80,000.0	9,000.00

Dans ces deux analyses, la potasse et la chaux tiennent le premier rang. La grande quantité de la première, ainsi que celle de la silice dans le trèfle de M. Boussingault, pourraient provenir des cendres de tourbe que l'on répandait sur les trèfles à l'époque de ces analyses (1).

307. La grande quantité de chaux trouvée dans ces légumineuses explique bien la convenance de les placer sur un sol calcaire, chaulé ou marné. Il est évident, d'ailleurs, que le gypse répandu à la dose de 300 kilogrammes ne pourrait fournir les 2,812 kilogrammes de chaux qu'a absorbé la luzerne. Ainsi, c'est bien son soufre qui a agi sur l'abondance de cette récolte.

308. Voilà donc une substance qui ne se trouve qu'en petite proportion dans une plante, comparativement à ses autres composants, et qui lui est d'une nécessité presque absolue, sans laquelle on n'a que de chétives récoltes. L'expérience seule pouvait amener à

---

(1) *Économie rurale*, 1re édition, t. II, p. 219.

cette conclusion. Mais cet exemple est un avertissement pour ne pas conclure de l'abondance d'un principe dans une analyse que c'est l'engrais spécial de la plante, et qu'un autre principe qui occupe une place beaucoup plus modeste ne lui est pas beaucoup plus nécessaire.

309. Cependant, on peut remarquer que toutes les plantes sur lesquelles le plâtre produit un effet marqué ont une dose d'acide sulfurique qui surpasse celle que puisent les plantes qui n'en éprouvent aucun. Ces plantes sont les suivantes, que nous plaçons ici avec la proportion d'acide sulfurique qu'elles contiennent :

Navette. . . .	0.00194	Herapath.
Chou.	0.00348	*Ibid.*
Colza.	0.00271	Magnus, *Annuaire Millon,* 1850, p. 538.
Chanvre. . . .	0.00126	Reich, *Ibid.,* 1841, p. 484.
Lin.	0.00485	*Ibid.,* p. 483.
Sarrasin. . . .	0.00183	Sprengel.
Maïs.	0.00110	Berthier.
Millet à épi. . .	0.00310	*Ibid.*
Luzerne. . . .	0.00419	*Ibid.*
Trèfle.	0.00193	Boussingault.

L'acide sulfurique de la plupart des plantes cultivées ne va qu'à la quatrième décimale. Quelques crucifères et les alliacées renferment des huiles essentielles abondantes en soufre. L'oignon, par exemple, contient 0.00370 d'acide sulfurique, d'après l'analyse de M. Berthier; nous ne savons pas qu'on ait essayé sur cette plante les effets du gypse, dans les terrains qui n'en contiennent pas.

310. Et cependant nous pouvons voir combien cette induction tirée de la dose de l'acide sulfurique dans les plantes pourrait être fautive, si on la regardait comme indiquant la nécessité de leur fournir des sulfates. D'autres légumineuses profitent de l'application du plâtre, nous citerons entre autres le pois chiche (*cicer arietinum*); mais ici il se produit un fait très-remarquable. Les poils de cette plante sécrètent de l'acide oxalique, la surface de son périsperme en sécrète aussi; or, quand elle est placée sur un terrain calcaire, ou qu'elle est gypsée, ses semences ne cuisent plus que difficilement. L'enduit insoluble d'oxalate de chaux qui se forme s'oppose à ce que les pois s'amollissent; on ne parvient alors à les rendre mangeables qu'en les faisant cuire avec un nouet de cendres, dont l'alcali forme un sel soluble avec l'acide oxalique qu'il sépare de la chaux; ou bien avec de l'oseille, dont l'oxalate de potasse décompose l'oxalate de chaux. Les pois manifestent aussi les mêmes inconvénients.

311. Mais cet effet est encore plus marqué dans le lupin blanc (*lupinus albus*). La plante pousse dans les terrains calcaires jusqu'au moment où elle arrive à la floraison, alors le pédoncule secrète de l'acide oxalique, qui, venant à s'unir avec la chaux, forme un sel qui obstrue les canaux séveux de la plante; l'épi, ne recevant plus de sucs, se dessèche et meurt. Les oseilles, les oxalis, bien connus pour contenir beaucoup d'acide oxalique, disparaissent aussi sous l'influence de la marne et de la chaux. Comme le lupin donne de l'acide sulfurique à l'analyse, il serait intéressant d'examiner si l'application du sulfate de potasse au lieu de sulfate de chaux ne serait pas d'un excellent effet sur sa végétation.

312. Le froment nous fournira aussi un exemple de la spécialité des engrais, sans égard aux indications que fournirait la masse des différentes substances qui entrent dans sa composition ; M. Boussingault a trouvé par son analyse les chiffres suivants :

	Grain, 100 k. kil.	Paille, 200,75 kil.	Plante entière, 300 k. 75 kil.	Plante entière pour 2,200 k. de grain ou 6605.50. kil.
Acide sulfurique . .	0.02	0.08	0.10	2.20
Acide phosphorique.	1.14	0.44	1.58	34.76
Potasse.	0.72	1.28	2.00	44.00
Soude.	traces.	0.04	0.04	0.88
Chlore	traces.	traces.	traces.	traces.
Chaux.	0.07	1.18	1.25	27.50
Magnésie..	0.39	0.68	1.07	23.54
Silice.	0.03	9.42	9.45	207.90
Fer et alumine. . .	0.00	0.14	0.14	3.08
Matières organiques.	97.63	187.57	285.15	6,273.30
	100.00	200.75	300.78	6,617.16

313. Cette analyse indique évidemment la nécessité de la silice soluble, de la potasse, de la chaux, des phosphates, de la magnésie, etc., comme engrais spéciaux du froment. La plupart des terrains qui lui sont destinés étant plus ou moins argileux, la silice et la potasse lui manquent rarement, mais dès que la chaux n'existe pas dans le terrain, les récoltes y deviennent pauvres et le chaulage et le marnage y doublent et triplent les produits. Rien ici qui ne s'explique très-bien par les résultats de l'analyse.

314. Mais l'analyse n'explique pas les effets énergiques des phosphates et de la magnésie. C'est que ce n'était pas seulement l'ensemble de la composition de

la plante qu'il fallait consulter, mais surtout celle de la
graine, et il en est ainsi de toutes les plantes, car la
graine est le résumé de ce qui se passe dans les cellules vivantes et croissantes. Les autres parties de la
plante ont accumulé des substances qui ne sont plus
celles de la vie active, mais plutôt ce que l'on pourrait
appeler des ossifications. Or, dans l'analyse de la graine
du froment, on voit prédominer trois substances :

Ammoniaque . . .	2.40	Azote.	2.29
Acide phosphorique.	1.14		
Magnésie	0.39		

Ainsi, fournir à la plante de l'ammoniaque, de la magnésie, de l'acide phosphorique, c'est solliciter ses
forces les plus vitales.

315. Si l'acide phosphorique est entièrement uni à la
magnésie et à l'ammoniaque, et forme du phosphate ammoniaco-magnésien, nous avons 2.74 de ce sel, emprun-
tant seulement 0.52 d'ammoniaque ; les 1.88 restants de
cette substance entrent sans doute comme partie intégrante des tissus organiques. Ce point de vue montre à
quel point il serait utile de fournir à la plante le phosphate ammoniaco-magnésien tout formé. M. Boussingault ayant tenté cette expérience en petit, trouva que
les graines produites par la plante de maïs, traitée
par ce sel, étaient en nombre plus que double de celles
produites par les plantes qui n'avaient pas reçu cet engrais (1). M. Isidore Pierre ayant répété l'expérience

_____

(1) *Comptes rendus*, 29 septembre 1846.

plus en grand, en 1851, trouva que le phosphate ammoniaco-magnésien employé en doses de 150 à 300 kilogrammes par hectare donnait plus de poids au grain
de blé récolté dans le rapport de 3 à 5 pour 100, et
que la quantité de grains était plus grande relativement
à la paille, sans cependant que la récolte fût aug-
mentée d'une manière sensible. Mais sur le sarrasin,
cet engrais produisit une récolte de graines sextuple
et une récolte de paille plus que triple, quoique sur une
terre de médiocre qualité. Il serait à désirer que l'a-
nalyse de ce grain vînt expliquer un résultat aussi
extraordinaire.

316. Et ce n'est pas seulement quand elles sont ad-
ministrées sous forme de sel double que ces trois substances produisent ces remarquables effets; leur réunion dans le noir de raffinerie sert à expliquer ceux que
l'on a signalés. Pour obtenir 2,201 kilogrammes de
blé, on applique au grain semé dans un hectare, que
l'on praline, la quantité de 3 hectolitres de noir, pesant 95 kilogrammes l'hectolitre, ou 285 kilogrammes
de noir, contenant :

$80^k.00$ d'acide phosphorique.
$106^k.30$ d'ammoniaque.
$14^k.25$ de magnésie.

On fournit donc surabondamment à la plante la dose
de ces substances qui entre dans sa composition. Par
le pralinage, on a seulement rapproché des racines,
au moment de leur sortie du germe, l'aliment qui
leur est le plus nécessaire. Et remarquons que ce n'est
pas une de ces substances isolées qui produit ces

effets ; le noir qui n'a pas servi à la raffinerie, qui contient très-peu d'ammoniaque, mais presque deux fois
autant de phosphate et vingt-cinq fois plus de magnésie, est presque sans efficacité (1). Il en a beaucoup
plus quand il a servi une fois, et que, mêlé au sang, il
a acquis plus d'ammoniaque, et enfin ses effets sont au
maximum quand il a doublé son ammoniaque, quoique
ne contenant plus que la moitié de son phosphate et la
vingt-sixième partie de sa magnésie.

317. Les navets sont encore une preuve plus forte
de la nécessité de certaines substances spéciales. Leur
composition est la suivante, d'après les analyses d'Héra-
path (2).

Quantité de cendres $\left\{\begin{array}{l}\text{à l'état sec. . . . 7.413 pour 100.} \\ \text{à l'état frais.. . . 0.648 pour 100.}\end{array}\right.$

	ÉTAT SEC.	ÉTAT FRAIS.	Par hectare produit 50,000 k. de racines, 75,000 k. de plante entière. kil.
Acide sulfurique. . . .	0.194	0.017	12.75
Acide phosphorique . .	1.232	0.108	81.00
Potasse.	3.550	0.310	232.50
Soude	traces		
Chlorure de sodium . .	1.082	0.070	52.50
Chaux.	1.058	0.068	51.00
Magnésie.	0.175	0.011	8.25
Silice.	0.091	0.006	4.50
Matières organiques . .	92.618	99.410	74,557.50
	100.000	100.000	75,000.00
Ammoniaque.	3.420	Azote. . .	217.00

---

(1) Bobierre, *Engrais*, p. 31.
(2) *Annuaire de Chimie*, 1851, p. 482.

Comparons cette récolte à celle du froment, et nous verrons qu'elle exige trois fois plus de matières azotées, plus du double de l'acide phosphorique, sept fois autant de potasse.

318. Cependant voici ce qui se passe. M. Lawes a semé trois terrains égaux, d'un acre chacun, en navets; le premier sans engrais, et au bout de trois ans il a été épuisé et n'a pu continuer à produire. On a appliqué au deuxième du phosphate de chaux soluble (poudre d'os acidifiée); il s'est maintenu pendant huit ans sans diminution sensible de la récolte. Le troisième a reçu la même dose de phosphate, et, en outre, une forte quantité de potasse avec de la soude et de la magnésie, et ce lot a manifesté quelque infériorité sur les précédents. Les variations annuelles ne peuvent être attribuées qu'aux saisons. Voici le détail de ces récoltes (1) :

ANNÉES.	Sans engrais.	Phosphate.	Phosphate, alcali et magnésie.
	kil.	kil.	kil.
1843.	10,538	30,644	29,877
1844.	5,566	19,467	14,278
1845.	1,725	31,935	31,773
1846.		4,780	8,860
1847.		13,965	14,593
1848.		26,552	24,468
1849.		9,435	9,256
1850.		28,880	23,569
	17,829	165,655	156,674
Moyenne. . . .	5,943	20,707	19,584

(1) On agricular chemistry in relation to the mineral theory of baron Liebig, by Lawes and Gilbert, *Journal of the agricultural Society of England,* t. xII, part. 1.

N'est-il donc pas évident que les phosphates sont un engrais spécial pour les navets, et probablement pour d'autres crucifères, et que leur application aurait du succès, même sur des terres qui en seraient médiocre-ment pourvues?

319. Si l'on étudiait ainsi les différentes espèces de plantes soumises à la culture, on ne manquerait pas de signaler de nouveaux faits dignes d'intérêt, et qui fe-raient avancer à la fois la théorie et la pratique de la nutrition végétale.

CHAPITRE XIV.

Durée d'action des engrais.

320. La question de la durée d'action des engrais n'est pas susceptible d'une solution générale. Un engrais s'épuise d'autant plus vite que sa fermentation est plus rapide; mais cette rapidité dépend non-seulement de sa composition propre et de la quantité de ferment qu'il renferme, mais encore de l'état libre ou confiné de ce ferment; puis de la facilité avec laquelle il est atteint par l'oxygène humide; enfin de la température à laquelle il est soumis.

321. La grande proportion du ferment, relativement à la masse de l'engrais, n'est pas un signe certain de la rapidité de sa fermentation. L'extrait d'urine fermente rapidement avec un chiffre de 0.17 d'azote; la laine fermente beaucoup plus lentement avec un indice de 0.20 d'azote. C'est que la laine est composée de matières organiques d'un tissu serré, insolubles dans l'eau et même dans une faible solution de potasse, tandis que l'extrait d'urine est pulvérulent et formé de sels d'ammoniaque et d'urée peu stables et très-solubles dans l'eau.

322. La fermentation suivant les progrès de l'accroissement de la température, les engrais seront d'autant plus durables qu'on les emploiera dans un climat moins chaud et dans une saison plus froide.

323. La fermentation exigeant le contact de l'oxygène humide, si l'engrais est fortement tassé, ou enfoui dans un sol peu perméable à l'air, ou entouré de gaz acide carbonique, il se conserve longtemps, comme on le voit en comparant ses effets prolongés dans les terrains argileux à ce qui se passe dans les terrains sablonneux et calcaires. On sait aussi avec quelle rapidité se consomme le terreau superficiel qui provient de la chute des feuilles dans les bois, lorsqu'on vient à les défricher. Quand les forêts de la Virginie furent abattues, on trouva le sol couvert d'un terreau riche, sur lequel on obtenait des produits considérables ; on se livra à la culture du tabac, qui est épuisante, et après un assez petit nombre d'années le terrain qui est sablonneux, et qui ne possédait pas dans son intérieur de dépôt ancien de terreau, s'est trouvé épuisé, et les cultures y sont bien déchues de leur ancienne splendeur.

324. La manière de cultiver le sol contribue aussi à l'épuisement plus ou moins prompt des engrais. Quand on creuse et que l'on ameublit fréquemment le terrain, l'engrais disparaît bien plus vite que quand il reste tassé et inattaqué par les instruments pendant longtemps. C'est ainsi que la culture des céréales, celle des légumes, et un grand nombre d'autres qui exigent une terre meuble, consomment rapidement les

14.

engrais; tandis que celle des prairies temporaires qui
durent plusieurs années, telles que la luzerne et le sainfoin, et plus encore celle des prairies permanentes qui
recouvrent la terre de gazon, les conservent presque
intacts.

325. En faisant abstraction de ces circonstances extérieures et spéciales, il serait intéressant de comparer
les engrais entre eux, pour avoir une échelle de leur
durée. Il faudrait 1° examiner la quantité et la qualité
de matière soluble que renferme l'engrais dans son
état normal; 2° celle qui se forme par la fermentation
après un, deux, trois intervalles de temps. Les résultats de la pratique agricole, très-précieux d'ailleurs,
sont moins nets, étant influencés par tant de circonstances variables, très-mal définies par le plus grand
nombre des expérimentateurs, et d'ailleurs mal appré-
ciées par la théorie.

326. Nous ne devons pas négliger cependant de recueillir ces faits de pratique, et nous n'en avons qu'un
petit nombre qui aient la précision nécessaire; nous
allons les rapporter ici. Il s'agira d'abord du fumier de
ferme. Dans les cultures générales du sud-est de la
France, qui consistent en un assolement de deux ans,
1, blé, 2, jachère, les terres privées depuis quelque
temps de fumier rapportent 9 hectolitres de blé
(720 kilogrammes) tous les deux ans. Si l'on fume
avec 25,000 kilogrammes de fumier dosant 125 kilogrammes d'azote, on obtient pour produit moyen la première année 1,400 kilogrammes de blé et 2,100 kilogrammes de paille, et deux ans après 937 kilogrammes

de blé et 1,500 kilogrammes de paille. Si l'on ne renouvelle pas l'engrais, la troisième récolte, celle de la cinquième année, retombe au chiffre primitif. Ainsi l'effet du fumier aura duré trois ans dans ces terres. C'est à peu près la durée qu'on lui attribue aussi dans l'assolement triennal du nord. Une telle fumure est censée épuisée par deux récoltes de céréales.

327. Sur des terres calcaires pauvres ne rapportant sans engrais que 692 kilogrammes de blé et 950 de paille, enlevant à la terre 18^k.13 d'azote, M. de Bec a répandu 25,000 kilogrammes de fumier dosant 125 kilogrammes d'azote; il a obtenu en première récolte 1,120 kilogrammes de blé, et 1,450 kilogrammes de paille; et l'année suivante, 1,400 kilogrammes d'avoine et 1,860 de paille. Or, cette dernière récolte emprunte encore à la terre 32 kilogrammes d'azote. Elle n'avait donc pas épuisé la fertilité apportée par l'engrais, comme le fait le retard d'un an avec cultures réitérées de la jachère, dans l'assolement biennal.

328. En opérant sur les mêmes terres et avec le tourteau de colza à la dose de 750 kilogrammes contenant 50^k.92 d'azote, M. de Bec a obtenu la première année 1,448 kilogrammes de froment et 2,433 kilogrammes de paille; et la seconde 1,024 kilogrammes d'avoine et 2,124 de paille. Cette seconde année enlève à la terre 23^k.74 d'azote, quantité plus grande que celle de la terre non fumée [327], mais inférieure à ce qu'avait produit le fumier d'étable. La première récolte de blé par le tourteau avait été bien plus considérable. Ainsi, quoique le tourteau ne soit pas complétement

épuisé la deuxième année, on voit que son effet est plus prompt que celui du fumier, et qu'il se manifeste principalement dès la première année.

329. Poursuivant ses expériences avec le guano, à la dose de 750 kilogrammes, dosant $90^k.0$ d'azote, le même expérimentateur a obtenu de la première récolte 1,988 kilogrammes de froment, et 4,892 kilogrammes de paille; et de la seconde 1,074 kilogrammes d'avoine et 1,542 kilogrammes de paille. Cette seconde récolte enlève à la terre 25 kilogrammes d'azote, plus encore que la récolte sans engrais, et plus qu'avec le tourteau. L'engrais n'était donc pas épuisé la seconde année. Nous regrettons que l'auteur n'ait pas continué ces trois expériences une année de plus, il aurait été intéressant de voir si tout l'effet de l'engrais était alors consommé.

330. M. Kuhlmann a dirigé ses expériences sur les effets des sels ammoniacaux appliqués aux prairies. Un hectare de pré sans engrais ayant produit en un an 3,820 kilogrammes de foin, il a appliqué à un hectare voisin 333 kilogrammes de chlorhydrate d'ammoniaque dosant $88^k.84$ d'azote; il a obtenu 6,186 kilogrammes de foin; la deuxième année 4,486 sans engrais, et 4,290 kilogrammes seulement à la partie qui avait reçu l'engrais l'année précédente; enfin la troisième année il a eu 3,230 de foin sans engrais, et en renouvelant la fumure sur l'hectare qui avait été primitivement fumé, il a obtenu 5,126 kilogrammes de foin. Ainsi cet engrais avait été épuisé dès la première année; le dosage de 6,186 kilogrammes de foin équivaut à 71 kilogrammes

d'azote, il y avait eu une déperdition de 17 kilogrammes d'azote. Mais on voit aussi que le pré n'avait rien perdu de sa fertilité primitive, et qu'une nouvelle dose d'engrais lui rendait toute la supériorité de fertilité qu'il avait manifestée lors de sa première application.

331. Avec le sulfate d'ammoniaque, M. Kuhlmann a obtenu les résultats suivants : tandis que la prairie sans engrais donnait 3,820 kilogrammes de foin, celle qui recevait 237^k.5 de ce sel, dosant 50^k.57, produisait 5,564 kilogrammes à la première année ; et l'année suivante l'hectare sans engrais, 4,486, et celui qui avait reçu l'engrais l'année précédente, seulement 4,170 kilogrammes. L'engrais était donc épuisé dès la première année. Une nouvelle dose de sel donnée la troisième année produisit 5,193 kilogrammes de foin, contre 3,330 kilogrammes donnés par l'hectare sans engrais. Les effets étaient semblables à ceux que nous avons signalés pour le chlorhydrate. Dans l'un et dans l'autre cas, une nouvelle application d'engrais semble augmenter les effets produits par la première.

332. Ces expériences manifestent pleinement ce que l'on doit attendre des engrais riches dont l'effet énergique se produit rapidement, mais ne se prolonge pas autant que les effets plus faibles des engrais pauvres.

333. Les résultats que nous avons cités plus haut (325-330) sur le peu de durée des engrais, semblent ne pas s'accorder avec quelques assolements du Midi, celui de la plaine de Nîmes, par exemple, où l'on fume le terrain seulement tous les douze ans, et où l'on obtient une série de récoltes qui témoignent jusqu'à ce

terme de l'action des engrais (*Cours d'Agriculture*, t. V,
p. 81). Voyons donc ce qui s'y passe. On fournit la première année, par hectare, au terrain, un engrais contenant 885 kilogrammes d'azote. La luzerne enlève pendant cinq ans,

	Azote. kil.
64,000 kilogrammes de fourrage dosant 1.96 pour 100.	1,254
37,021 kilogrammes de racines dosant 0.80 pour 100.	299
Débris de fourrage laissés sur le champ, 21,333 kilogrammes (1).	420
TOTAL.	1,973

plus du double de l'engrais existant dans le sol. Ce supplé-
ment a évidemment été fourni par l'ammoniaque latent
des couches profondes du sol [**130** *et suiv.*]. Mais l'on n'a
enlevé du terrain que le seul fourrage, il lui reste donc
la quantité d'azote suivante : $885 + 299 + 420 - 1,254$
$= 350^k$. Si cette dose d'azote était restée constamment sous forme d'engrais, elle aurait disparu en plus
grande partie, mais elle s'est transformée graduellement en matières organiques vivantes, et c'est ce qui a
fait sa durée. Les récoltes qui succèdent à la luzerne,
savoir : cinq récoltes de blé interrompues par deux années de sainfoin, dont les débris laissent 56 kilogrammes d'azote, en sont une preuve irréfragable :

---

(1) Voyez *Cours d'Agriculture*, t. IV, p. 430.

	Azote. kil.
5 récoltes de blé donnent en moyenne 25 hecto- litres de grain, ou 125 hectolitres.	250
8,000 kilogrammes de fourrage de sainfoin. . .	112
Perte pour le sol	362
A retrancher, gain pour le sainfoin. . .	56
Reste dans la terre.	306

En effet, l'assolement ne cesse pas parce que la sur-face est appauvrie, mais parce qu'elle est salie par une culture aussi avare de sarclages; mais on s'aper-çoit bien que, par la continuation de ce système, les luzernes sont de moins en moins durables et produc-tives, parce que le fond permanent du terreau des cou-ches inférieures ne peut manquer de s'épuiser par l'attaque incessante des longues racines de cette plante.

CHAPITRE XV.

Mode d'application des engrais.

334. L'ensemble des faits rapportés dans les chapitres précédents nous apprend que si l'on pouvait appliquer des engrais solubles et à portée de ses organes absorbants, à chaque phase de la végétation d'une plante, on les utiliserait de la manière la plus profitable ; que quant à ceux qui ne deviennent solubles que successivement, par l'effet d'une fermentation qui marche d'une façon irrégulière, comme les phénomènes météorologiques, la végétation est loin d'atteindre tous leurs produits solubles ; qu'une partie reste au profit du sol qui s'en empare, et une autre partie, très-considérable, se disperse dans l'atmosphère par suite de la volatilité de ces produits ; surtout quand les plantes cultivées exigent des cultures fréquentes (binages) pendant la durée de leur accroissement ; et qu'ainsi le meilleur moyen d'éviter ces pertes est de les consacrer à l'entretien de plantes qui n'exigent pas de culture intercalaire et laissent le sol intact et gazonné.

335. Ainsi, en peu de mots, deux manières d'utiliser

le mieux possible les engrais : 1° les employer sous forme soluble, à doses petites et réitérées, à mesure du besoin des plantes; 2° les employer dans leur état d'intégrité et de fermentation commençante, en les destinant à des végétations continues, prolongées autant que la fermentation elle-même, et qui puissent profiter de tous les produits de cette fermentation à mesure qu'elle s'effectue.

336. Dans le cas où l'on voudrait se servir de ces engrais peu solubles pour la culture de plantes à végétation courte (semi-annuelles), comme celle des céréales, des graines légumineuses, des racines, etc., on devrait ne pas les disperser sur le sol, au point qu'une forte partie de leurs principes échappe à l'action des radicules ou des feuilles de plantes, mais les placer à portée de leurs organes absorbants. Tels sont les principes qui préviendront l'énorme gaspillage d'engrais qui a lieu dans notre pratique agricole.

337. De tous les engrais, ceux qui se trouvent sous la forme la plus soluble sont les engrais liquides, dont on se sert en arrosement, dans les différentes phases de la végétation [225 *et suiv.*]; puis les engrais pulvérulents riches que l'on répand en couverture, en accompagnant leur répandage d'une légère scarification.

338. Quand on compare les effets produits par les engrais rassemblés autour d'une plante à ceux des engrais jetés à la volée, et mêlés à la masse entière du sol, on ne peut douter que ce ne soit à cette dernière méthode, généralement pratiquée, que l'on doive les pertes de matières fertilisantes que l'on éprouve dans

l'agriculture actuelle. Les racines des végétaux ne peuvent occuper par leurs racines qu'une partie du cube du terrain, et les labours qui succèdent à la récolte exposent à l'action de l'air la partie de l'engrais qui n'a pas été atteinte, et en facilitent l'évaporation. Une moindre quantité d'engrais n'occupant que le cube qu'embrasseraient les racines, n'exposerait pas à une aussi grande perte. C'est ce qui a lieu, par exemple, dans la plantation par poquets usitée par les jardiniers. Chaque plante, chaque touffe s'y trouve entourée de près par la quantité d'engrais qui lui est nécessaire. Cette pratique, appliquée aux céréales semées en touffes, a donné des résultats fort remarquables (*Cours d'Agriculture,* t. III, p. 657). Elle a été étendue à la grande culture par M. Aug. de Gasparin qui a montré la manière de former les poquets au moyen d'une machine, et d'y distribuer les engrais (*Cours d'Agriculture,* t. III, p. 105 et 658).

339. La culture en ligne permet aussi de disposer le fumier dans le sillon sur lequel on place les semences ou les plants. Cependant des essais comparatifs dans lesquels on a mis sur la même surface une égale quantité de graines en lignes et en touffes, a montré une grande supériorité pour cette dernière méthode. Les plantes en touffes semblent profiter de leur voisinage mutuel, quand, d'ailleurs, elles peuvent s'étendre à la ronde ; elles semblent s'emparer plus complétement de l'engrais un peu rassemblé, que de celui qui est dispersé sur une ligne droite. L'une et l'autre de ces méthodes ont d'ailleurs l'avantage de pouvoir faciliter les cul-

tures au pied des plantes pendant la durée de la végétation.

340. La pratique de répandre les engrais solides et pulvérulents en couverture sur les plantes en végétation (*top dressing* des Anglais) est usitée pour les prairies permanentes composées principalement de graminées. Il y a ici une déperdition évidente causée par la fermentation au grand air, et surtout dans les prairies arrosées par la dissolution de l'engrais soluble dans l'eau, et par son transport hors du terrain par les égouttements. En fumant tous les trois ans avec un engrais contenant 255 kilogrammes d'azote, nous obtenons pendant ce temps une augmentation de récolte de 13,800 kilogrammes de foin, dosant 193 kilogrammes d'azote; ou seulement les 0.73 de l'azote de l'engrais. M. Raybaud-Lange (1) a trouvé qu'une prairie qui rendait 2,000 kilogrammes de foin sans engrais, en produisait 7,000 kilogrammes ou 5,000 kilogrammes d'excédant, dosant 70 kilogrammes d'azote, avec une fumure de 30 mille kilogrammes de fumier, dosant 120 kilogrammes d'azote; le foin représentait donc seulement les 0.58 de la richesse du fumier. Il faut ajouter cependant qu'une partie de cet engrais se conserve sous le gazon, transformé en parties organiques de la plante, et en débris de ces parties, puisque les prairies défrichées présentent une assez grande fertilité accumulée.

---

(1) *Recueil encyclopédique d'agriculture de Boitel*, t. i, p. 518-520.

341. L'engrais répandu sur les blés en végétation est bien plus aventuré ; si la sécheresse règne après sa distribution, si les pluies sont suivies de vents violents et secs, ou d'un soleil ardent, le froment arrive à maturité sans avoir pu profiter de l'engrais. Il y a cependant un moyen de rendre ce mode de fumure plus favorable, c'est de recouvrir l'engrais et les jeunes plants de blé d'une légère couche de terre, soit par une culture qu'on lui donne, s'il est semé en lignes ou en touffes, soit en ménageant entre les différentes planches du blé des espaces non semés, espaces de la largeur de la pelle, et où l'on prend la terre nécessaire pour recouvrir la planche. Cette méthode, inventée par M. Aug. de Gasparin, conserve la fraîcheur du fumier, prévient son évaporation et permet à la plante d'en profiter largement. En outre, elle assure la réussite des semis de graines fourragères faits au printemps sur les céréales, semis que la sécheresse compromet si souvent.

CHAPITRE XVI.

Du prix des engrais.

342. La valeur d'un engrais, comme celle de toute autre chose dans laquelle entre le travail humain, n'est autre que celle de ce travail, ou autrement que la somme des valeurs consommées pour obtenir ce travail.

343. Celui qui veut acheter cet engrais ne s'occupe pas de sa valeur, mais bien de l'utilité qu'il espère en retirer. Le prix qu'il en offre peut aller jusqu'à la limite de cette utilité; et les fabricants d'engrais cessent d'en fabriquer quand le prix offert en payement de l'utilité n'est pas égal, au moins, à la valeur. Ainsi le prix est une moyenne qui oscille entre la valeur qui est son *minimum* et l'utilité qui est son *maximum*.

344. La valeur des engrais varie pour chaque lieu, pour chaque temps, selon les circonstances les plus diverses; nous pouvons en donner de nombreux exemples. Parlons d'abord du fumier fourni au moyen des bêtes de travail. Nous donnons (*Appendice* n° 11) le moyen approché d'évaluer l'engrais qui se fait dans les fermes, qui serait de 1 fr. 59 cent. dans les conditions indiquées. Dans les villes, le fumier de cheval revient à 88 cent., à quoi il faut ajouter les frais de transport. Les chevaux d'attelage (*Appendice* n° 10) produisent un fumier dont l'azote revient à 2 fr. 41 cent.

345. Pour les vaches laitières, nous voyons qu'en Bretagne le foin étant à 3 fr. 20 cent. les 100 kilogrammes, la paille à 2 fr. 60 cent., si le litre de lait se vend 10 c., l'azote de l'engrais coûte 1 fr. 32 cent.; que s'il se vend de 15 à 20 cent., on a le fumier gratuitement; mais si on fait du beurre et que le prix du lait s'abaisse à 7 ou 8 cent., l'azote du fumier revient à 3 fr. 20 cent.; si on emploie le lait à l'engraissement des veaux, et qu'il ne rende plus que 5 à 6 cent. le litre, l'azote de fumier coûte 3 fr. 83 cent. (*Appendice* n° 8). A Hohenheim, le foin valant 3 fr. 20 cent., la paille 2 fr., le lait se payant 10 cent., le kilogramme d'azote du fumier a coûté 2 fr. 17 cent. (*Appendice* n° 7).

346. Quant à l'engraissement du bétail, le compte varie aussi beaucoup selon le mode d'engraissement suivi, et le prix des denrées que l'on donne aux animaux. Citons-en quelques exemples : nous avons sous les yeux un compte récent d'engraissement de moutons à l'étable avec de la luzerne à 5 fr. les 100 kilogrammes, dans lequel l'azote de fumier revient à 1 fr. 27 cent. (*Appendice* n° 9). Un exemple déjà cité (*Cours d'Agriculture*, t. I, p. 679) donnait le fumier gratuitement, ainsi qu'un engraissement de cochons (*ibid.*, 680). Mais faites varier le prix du foin, celui de la chair, et vous aurez des résultats différents.

347. L'engrais vert du lupin nous est revenu à 1 fr. 63 cent. le kilogramme d'azote (*Appendice* n° 4).

348. On doit considérer ensuite que la plus grande partie du fumier produit par les bêtes de travail des fermes coûte 1 fr. 74 cent. d'un côté, et que d'un autre côté celui produit par des animaux vivant une grande partie de l'année sur des pâturages, donne l'engrais à 1 fr. 20 cent. environ (*Cours d'Agriculture*, t. I, p. 677-678). Nous pouvons en conclure que dans l'état actuel des choses la valeur moyenne des fumiers est en France de 1 fr. 50 cent. environ pour le kilogramme d'azote.

349. En concurrence avec les fumiers viennent les engrais commerciaux, produits chimiques, etc. Le guano, qui renchérit tous les jours, vaut aujourd'hui 30 fr. les 100 kilogrammes, dosant moyennement 8 pour 100 d'azote; ainsi 3 fr. 75 cent. le kilogramme d'azote. Pour ce même prix, on en trouve quelquefois qui dosent 12 et 14 pour 100. L'analyse pourrait seule déterminer si l'on fait ce bon ou ce mauvais marché. Le tourteau de colza dosant 5 pour 100 d'azote, vaut 14 fr. les 100 kilogrammes, ou 2 fr. 80 cent. le kilogramme d'azote; la poudrette dosant 1.45, quand elle est récente, se vend 5 fr. les 100 kilogrammes, ou 3 fr. 45 cent. le kilogramme d'azote. Pour les produits chimiques, leur valeur n'est autre que le prix de revient augmenté d'un bénéfice peu élevé, en raison de la concurrence. Quant aux produits naturels, leur valeur se compose des frais d'extraction, de transport, des droits de douane, et, pour les uns et les autres, de l'avantage que donne aux vendeurs l'ignorance ou la nonchalance de l'acheteur qui ne

15

connaît pas le titre exact de la marchandise qu'il achète, et qui, ne voulant acquérir que des bijoux poinçonnés, reçoit cependant chaque jour, sans défiance, et pour des valeurs bien plus fortes, des engrais qui ne le sont pas.

350. L'utilité n'est pas moins variable que la valeur, car elle dépend comme nous l'avons vu (chap. XI, XII, XIII), du terrain, du climat, du genre de culture. On ne peut donc rien dire de général à son sujet, et chacun doit consulter, pour fixer le prix *maximum* auquel il peut payer l'engrais, l'utilité qu'il espère en retirer. Reprenons un exemple déjà cité [282]. Voyons l'utilité que M. de Bec retirait de son engrais, et le prix qu'il avait pu donner de son azote. Il employait du fumier de ferme dosant 125 kilogrammes d'azote, et il en retirait :

	kilogrammes.		dosant azote.
1re récolte de froment grain. . .	1,120		kil.
2e récolte, avoine, équivalent en		2,284	14.77
froment.	1,261		
Paille de froment.	1,450		
Équivalent de la paille d'avoine.	2,704	4,157	10.80
			55.57

Deux récoltes de blé sans fumier ont produit :

	kil.	Azote. kil.
Graine.	1,384	36.32
Paille.	1,900	4.94
		41.26

Le froment a donc profité du fumier par la différence de ces deux totaux de. 14.31

Le fumier dosait 125 kilogrammes ; ainsi le froment n'a pris que $\frac{14.31}{125} = 0.117$ de l'azote de l'engrais.

La différence des deux récoltes avec engrais et
de celles sans engrais étant de

		fr.
900 kilogrammes de grain à 27 fr.		243.00
2,254 kilogrammes de paille à 3 fr. . . .		67.62
		310.62

L'utilité retirée du fumier a été de

$$\frac{310.62}{125} = 2 \text{ fr. } 48 \text{ c. le kilogramme d'azote.}$$

351. Si nous appliquons le même calcul à l'expérience des tourteaux [327], l'engrais dosant $50^k.92$ d'a-
zote, nous avons :

	kilogrammes.	dosant azote. kil.
1re récolte, grain de froment.. . 1,448	2,472	48.44
2e récole, avoine, équivalent en froment. 1,024		
Paille de froment, 1re récolte.. . 2,433	4,557	11.85
Paille d'avoine, équivalent. . . 2,124		
		60.29
Retranchant le dosage de la récolte sans engrais.		41.26
Les récoltes avec engrais ont profité de la diffé-rence, soit..		19.03

Les récoltes ont pris à l'engrais $\frac{19.03}{50.92} = 0.37$.

La différence des deux récoltes avec engrais et
de deux récoltes sans engrais étant de

		fr.
1,088 kilogrammes de grain à 27 fr. . . .		373.76
2,657 kilogrammes de paille à 3 fr. . . .		79.71
		373.47

L'utilité tirée de l'engrais a été de $\frac{373.47}{50.92} = 7$ fr. 33.

352. Dans l'expérience sur le guano dosant 90 kilo-
logrammes d'azote [328], on a obtenu :

	kilogrammes.	dosant azote kil.
1re récolte, froment, grain. . . 1,988 ⎫	3,062	60.04
2e récolte, avoine. . . . . . 1,074 ⎭		
1re récolte, paille. . . . . 4,892 ⎫	7,205	18.73
2e, équivalent de paille d'avoine. 2,313 ⎭		

$$\begin{array}{r} 78.74 \\ 41.26 \\ \hline 37.48 \end{array}$$

Retranchant le dosage de la récolte sans engrais.   41.26

La récolte avec engrais a profité de la différence.   37.48

Les récoltes ont pris à l'engrais $\dfrac{37.48}{90} = 0.416.$

La différence des deux récoltes avec engrais et de deux récoltes sans engrais étant de

	fr.
1,678 kilogrammes de grain à 27 fr. . . .	453.06
5,305 kilogrammes de paille à 3 fr. . . .	159.15
	612.21

L'utilité de l'engrais a été de $\dfrac{612.21}{90} = 6$ fr. 80 par kilogramme d'azote.

353. Le compte de l'utilité est beaucoup plus difficile à établir pour les récoltes qui laissent un grand excédant d'engrais non employé et que l'on ne retrouve que plus tard; telles sont, par exemple, les prairies qui accumulent sous leur gazon des richesses qui ne se manifestent que lors de leur défrichement, richesses qui, d'ailleurs, atteignent des *maxima* qu'elles ne dépassent pas. Veut-on se contenter d'estimer l'utilité immédiate, voici ce que nous donneront les exemples cités plus haut [340]. Dans le premier, nous avons obtenu un accroissement de récolte de **13,800** kilogrammes de foin, dosant 193^k.2 avec un fumier dosant 255 kilogrammes d'azote; la récolte a pris à l'engrais $\frac{193.2}{255} = 0.757.$

Le foin se vendant 5 fr., nous avons pour produit 690 fr. L'utilité de l'engrais a été de $\frac{690}{255} = 2$ fr. 70 cent. le kilogramme d'azote.

Dans le second exemple, l'engrais dosant 120 kilogrammes d'azote, nous avons eu un excédant de 5,000 kilogrammes valant 250 fr.; l'utilité de l'engrais a été $\frac{250}{120} = 2$ fr. 08. Ainsi, même avec sa faculté de s'emparer d'un plus grand aliquote de l'engrais, la prairie n'en réaliserait pas une utilité aussi grande que le froment, à cause de l'infériorité relative du prix de l'azote transformé en foin sur celui transformé en froment. L'azote du foin, dans les foins que nous venons de citer et qui dosent 1.40 pour 100, vaut $\frac{5}{1.40} = 3$ fr. 57 cent. L'azote de froment et de sa paille valent $\frac{2.62}{33} = 12$ fr. 60 c. Cependant il faudrait tenir compte de l'engrais accumulé par la prairie et qui, d'après nos calculs, finit par s'élever à 6 pour 100 du poids de la récolte annuelle de foin, en poids d'azote après une durée que nous supposons de 30 ans (*Cours d'Agriculture*, t. IV, p. 414-415). Ainsi dans le cas cité de M. Raybaud-Lange, dont les prairies fumées donnent une récolte totale de 7,000 kilogrammes de foin, le sol aurait mis en réserve, en 30 ans, 420 kilogrammes d'azote ou 14 kilogrammes par an. L'engrais employé est donc seulement 255 — 14 = 241 kilogrammes d'azote, et l'utilité du kilogramme d'azote est $\frac{690}{241} = 2$ fr. 86 cent. au lieu de 2 fr. 70 cent. Ce résultat ne change que peu de chose aux conclusions que nous avions cru devoir tirer.

354. Il n'en est pas de même, quand on emploie l'en-

grais à la culture de prairies temporaires légumineuses, dont la durée est peu prolongée et qui permettent de recueillir dans un bref délai l'azote excédant qu'elles n'ont pas pu employer. Voyons d'abord ce qui se passe dans l'assolement de Nîmes où l'on commence par donner un engrais dosant 855 kilogrammes d'azote ; on obtient pour produit :

			fr.
640 quintaux de luzerne.	}	720 quintaux à 5 fr.	3,600
80 quintaux de sainfoin.			
Puis 125 hectolitres de blé à 22 fr.			2,750
			6,350

Si nous retranchons de ce produit le prix de location que l'on aurait tiré de ce terrain en 12 ans, 144 hectolitres de blé 3,168

II reste. 3,182

La terre est enrichie à la fin de la rotation de 306 kilogrammes d'azote.

Ainsi l'utilité du fumier avait été de $\dfrac{3,182}{855-306} = 5$ fr. 70

Ce serait un magnifique prix tiré de l'utilité de l'engrais, si l'on ne tenait pas compte de l'épuisement progressif des couches inférieures du sol, qui exigent que l'on suspende cet assolement pendant de longues années, si ce n'est dans les alluvions si riches, qu'elles paraissent à peine sensibles à sa prolongation ; telles sont celles de la plaine de Vishe, à Nîmes.

355. Le prix du marché résulte dans chaque lieu de la combinaison, de la valeur et de l'utilité que l'on retire de l'engrais [343]. Ainsi dans le pays où l'on produirait de l'engrais de ferme à 1 fr. 74 cent., et où l'on

en retirerait une utilité de 2 fr. 48 cent., si l'offre était égale à la demande, le prix moyen du kilogramme d'azote serait 2 fr. 11 cent.; le bénéfice de l'opération se partageant entre le vendeur et l'acheteur, le mètre cube de fumier dosant $2^k.80$ d'azote, se vendrait 5 fr. 91 c.

S'il s'agissait de tourteaux dont la valeur de fabrication est incertaine et que le prix ne fût plus réglé que par la concurrence des acheteurs, qui pourraient en retirer une utilité de 7 fr. 33 cent., on payerait l'azote à 3 fr. le kilogramme, quoique ce prix soit bien supérieur aux prix de revient, et que la fabrication de cet engrais ne connaisse d'autre limite que la quantité de graine qui peut être soumise à la presse, et celle de l'huile qui peut trouver son écoulement dans la consommation.

356. Mais les cultivateurs trouveraient de leur côté une limite à son emploi. Nous avons vu que l'emploi continu du tourteau ne pouvait avoir lieu dans les sols qui n'étaient pas pourvus d'une quantité excédante de terreau et qu'il devait être alterné, dans une certaine proportion, avec le fumier pailleux. Si, comme dans l'exemple cité [169], il faut qu'une application de fumier succède à deux applications de tourteau, nous aurons :

	fr.
Pour l'utilité du tourteau.	14.66
Pour celle du fumier.	2.48
Total pour 3 années.	17.14
Ou par année moyenne et pour 100 kilogrammes d'un des engrais.	2.85

Voilà donc l'utilité moyenne réduite ; mais la possibilité de se procurer du fumier est plus étroitement limitée

que celle de fabriquer du tourteau. Si celui-ci dose
4.92 pour 100 d'azote, et le fumier de ferme 0.40, sa
production est limitée par ce rapport; ou autrement, il
ne peut entrer dans le commerce que 1 kilogramme de
tourteau, pour 12^k.3 de fumier. Or, toutes les exploitations ne se servent pas de tourteau ; les exploitations
pauvres se contentent du peu de fumier qu'elles peuvent
faire et les exploitations riches sont les seules qui concourent à la fois pour acheter du fumier et du tourteau;
il en résulte que la quantité de fumier à vendre n'est
pas très-abondante, et que la quantité proportionnelle de
tourteau l'est beaucoup plus. La demande de ce dernier
se trouve donc inférieure à l'offre, ce qui fait qu'on peut
acheter son azote à 2 fr. 80 cent. environ. Dans l'état
actuel des choses, il y a donc un avantage évident pour
les exploitants pourvus de capitaux, à employer largement les engrais riches, dont le prix n'atteint pas le
chiffre de l'utilité.

FIN DE LA PREMIÈRE PARTIE.

APPENDICE.

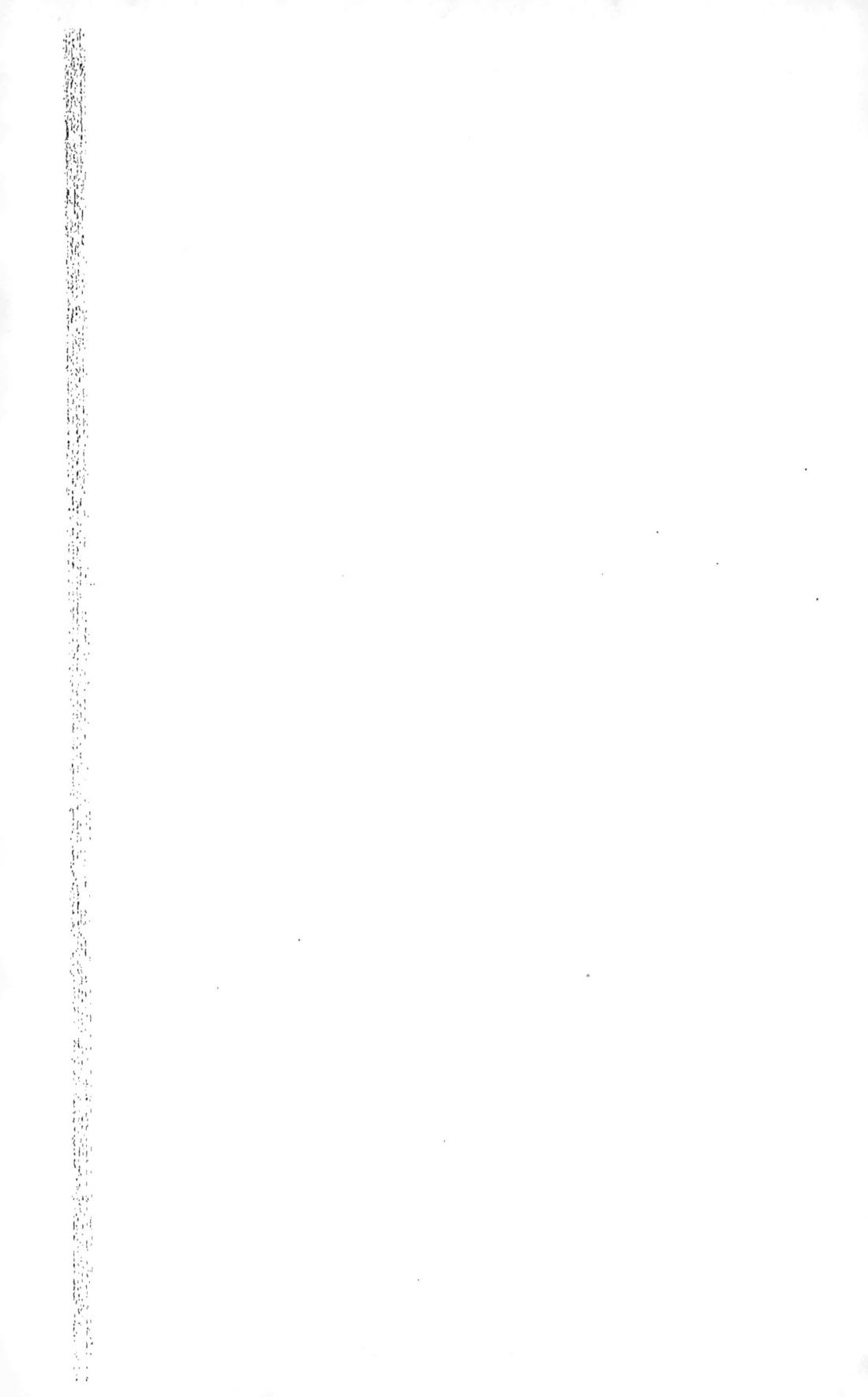

APPENDICE.

N° 1.

Analyse qualitative des terrains.

Il ne s'agit pas ici de chercher la quantité de chacune des substances que renferme le terrain, mais seulement de chercher si elles s'y trouvent en quantités sensibles. Ce n'est donc pas une analyse complète telle que celle qui se trouve décrite dans le *Cours d'Agriculture*, t. I, p. 43-60, que l'on devra entreprendre, mais des analyses partielles qui fassent reconnaître les substances les plus essentielles à la nutrition des plantes et qui peuvent être contenues dans le sol. On les y cherche successivement.

1. *Chaux.* On met dans un verre à pied quelques grammes de la terre; on y verse de l'acide chlorhydrique affaibli. S'il se manifeste de l'effervescence, on juge qu'elle contient des carbonates. On filtre, après avoir allongé le liquide avec de l'eau *distillée;* on sature l'acide par de l'ammoniaque en excès, et on ajoute de l'oxalate d'ammoniaque; la chaux se précipite au fond du verre. En la séchant et la pesant, on peut même s'assurer dans quelle proportion elle existait dans la terre, pourvu que l'on ait eu soin d'opérer sur un lot de terre desséché et pesé.

2. *Magnésie.* On filtre l'eau de l'expérience précédente, après la précipitation par l'oxalate d'ammoniaque; on y verse une solution de phosphate de soude, qui précipite la magnésie, s'il y en a, sous forme de phosphate ammoniaco-magnésien.

3. *Sulfates.* En lessivant la terre avec de l'eau distillée, on dissout une petite quantité de sulfate de chaux, s'il y en a dans la terre. On filtre l'eau, ou tout simplement on la décante, après l'avoir laissé reposer, pour que la terre soit précipitée au fond du verre. Dans l'eau filtrée ou décantée, on verse une solution de nitrate ou d'acétate de baryte, et il se produit alors un nuage blanc qui trouble l'eau et indique la présence de sulfates.

4. *Phosphates.* (Procédé de M. Malaguti.) On traite par l'acide nitrique, 15 à 20 grammes de terre préalablement desséchée et pulvérisée. On fait bouillir un quart d'heure; on ajoute de l'eau, on filtre et on lave la matière restée sur le filtre. On évapore le liquide filtré, et sur le résidu obtenu, on verse 12 à 15 grammes d'esprit-de-vin, aiguisé de 2 à 3 gouttes d'acide nitrique. On sépare cet esprit-de-vin au moyen d'un filtre et on ajoute au liquide alcoolique quelques gouttes d'une dissolution d'acétate de plomb. Si la terre examinée renferme du phosphate, il se formera un précipité de phosphate de plomb.

5. *Silicates.* On fait bouillir la terre avec une solution de potasse caustique qui dissout les silicates. On précipite l'alumine par l'ammoniaque, puis on rend de nouveau la liqueur acide; on dessèche, on reprend par l'eau; le silice se précipite sous forme gélatineuse.

Dans toutes ces expériences, où il s'agit d'obtenir souvent de légères apparences, il est important de se servir d'eau distillée. L'eau de pluie et celle de source renferment des substances qu'on pourrait attribuer au terrain.

N° 2.

Des matières contenues dans les terres végétales.

I. — Des substances solubles, par M. Verdeil.

Les savants ne sont pas tous d'accord sur les moyens qu'il faut employer pour arriver à connaître par l'analyse combien un sol renferme de principes pouvant être absorbés par les racines des plantes, et quelle est en même temps la nature de ces principes contenus dans la terre.

C'est là en effet le but de toute analyse rationnelle de terre, faite en vue d'une application agricole ; car il ne suffit pas de connaître la composition minéralogique d'un terrain, il faut encore savoir si ces principes minéraux sont dans un état propre à servir à la végétation, c'est-à-dire, s'ils peuvent être absorbés, assimilés par les plantes.

Sitôt que l'on admet : 1° que les plantes ne peuvent prendre à la terre que des principes à l'état de dissolution dans l'eau ; 2° que les racines des plantes n'ont pas la propriété de rendre solubles, par une action vitale particulière, les parties inorganiques avec lesquelles elles sont en contact ; il faut alors rechercher dans les moyens naturels physiques et chimiques les causes de cette transformation des parties terreuses solides en un état liquide.

L'observation a démontré que c'est l'eau seule qui intervient dans ce phénomène.

Le transport du sol, jusque dans le corps des plantes, des principes renfermés dans la terre ne peut avoir lieu que par l'aide de l'eau des pluies, ou de l'eau des irrigations, et uniquement par leur action.

Une lessive, ou une infusion de terre par l'eau, représentera donc exactement la richesse du sol, en principes pouvant être assimilés par les plantes, puisque ce liquide renfermera tous les principes solubles qui se trouvaient dans la terre.

L'analyse la plus rationnelle d'un sol, au point de vue agricole, consistera donc : premièrement à étudier en gros la nature minérale du sol : terre calcaire, argileuse, siliceuse, etc. Nous disons à dessein, étudier en gros, car il est presque impossible d'établir d'une manière absolue, par une analyse, les rapports de quantité exacts qui existent entre les différents principes minéraux qui constituent un terrain. Pour y arriver, il faudrait agir sur de grandes masses de terre, ce que ne permettent pas les moyens d'analyse ; tandis que, par une analyse minéralogique, en se bornant à étudier les minéraux qui constituent le terrain, on parvient à se faire une idée très-juste de sa composition.

L'opération principale de l'analyse consistera donc à étudier rigoureusement les parties du sol qui se dissolvent par l'action de l'eau.

Avant d'entrer dans les détails de cette analyse, il est nécessaire d'étudier, d'une manière générale, ces substances qui se dissolvent et que l'eau enlève à la terre ; substances qui, quoique variant en quantité et en nature pour les différents terrains, présentent cependant une certaine uniformité de composition.

Lorsqu'on traite par de l'eau distillée une certaine quantité de terre provenant de différentes parties d'un champ, terre qu'on a eu soin de dessécher, soit au soleil, soit dans une étuve à basse température, l'eau légèrement jaunâtre, qui s'écoule par la filtration, laisse après l'évaporation du liquide un résidu assez considérable.

Ce résidu n'est pas uniquement composé de matières minérales; une grande partie de sa masse est formée par une matière organique particulière.

Les proportions dans lesquelles les principes minéraux et la matière organique se trouvent mélangés, varient suivant la nature des terrains d'où ils ont été extraits. Ainsi, certaines terres cèdent à l'eau une quantité de matière organique presque aussi considérable en poids que celle des substances minérales; d'autres terres en cèdent beaucoup moins.

Nous examinerons d'abord la partie du résidu qui est décomposable par la chaleur; elle est formée : 1° par des sels ammoniacaux; 2° par une matière organique non azotée.

Cette substance organique, d'après les analyses qui en ont été faites, est formée uniquement de carbone, d'hydrogène et d'oxygène, dans des proportions qui la rapprochent de la composition du sucre, de la cellulose, de l'amidon; c'est en quelque sorte de la cellulose soluble. C'est une substance indifférente, *sans goût particulier;* elle ne forme aucune combinaison avec les principes minéraux.

Cette substance se forme dans la terre; elle est le produit d'une catalyse que subissent les matières végétales qui ont été enfouies dans le sol comme engrais.

Cette transformation des matières végétales solides en une substance soluble s'explique aisément; il est reconnu, en effet, en chimie, que les conditions de mélange dans lesquelles certaines substances se trouvent, influent sur leur modification et leur décomposition. Ainsi, la même matière pourra éprouver la fermentation, soit lactique, soit alcoolique, soit acétique, suivant les conditions du milieu dans lequel elle se trouve.

Il en est de même pour les débris de végétaux. Abandonnés à eux-mêmes, dans un endroit humide, ils fermentent et donnent des produits acides. Mélangés à d'autres matières, ou bien placés dans d'autres conditions, la fermentation peut être entravée ou modifiée.

C'est en vertu de ce principe que les matières végétales, en contact avec de la terre dans des conditions convenables, subissent une catalyse particulière, et, au lieu de donner des produits acides et de l'acide carbonique, elles se transforment peu à peu en une matière neutre soluble qu'on retrouve dans toutes les terres fertiles.

S'il fallait une autre preuve que la présence même de la substance soluble pour appuyer cette opinion, nous ferions observer que toutes les lessives de terres fertiles sont alcalines; chacun sait cependant qu'il n'y a pas de fermentation possible dans un milieu alcalin.

Toutes les terres fertiles cèdent donc à l'eau une matière organique particulière, mais cette matière organique n'existe pas seule dans l'extrait; elle est mélangée avec des substances minérales qui présentent des différences de composition suivant les terrains d'où ils proviennent. Ces principes minéraux doivent être analysés avec soin lorsqu'on les a séparés de la matière organique par la calcination.

Les substances minérales qui se rencontrent le plus fréquemment dans les extraits de terre, sont : la *silice*, le *carbonate*, le *sulfate*, le *phosphate de chaux*, l'*alumine*, la *magnésie*, le *fer*, les *silicates*, *phosphates de potasse* et *de soude*, *chlorures de sodium* et *de potassium*.

La plupart de ces substances minérales sont insolubles dans l'eau, et quelques-unes même ne se dissolvent pas dans les acides concentrés.

Comment se fait-il alors que l'eau ait pu primitivement dissoudre ces substances et les extraire de la terre d'où elles proviennent? Quel changement, quelle transformation ont-elles donc subie? Le seul changement qu'elles aient éprouvé c'est d'être séparées de la matière organique qui a été décomposée par la calcination.

Ces substances minérales étaient donc solubles dans l'eau

grâce à la présence de la matière organique soluble existant dans la terre.

Ce phénomène pourrait sembler étrange, puisque cette matière organique est une substance neutre, ne formant aucune combinaison avec les sels inorganiques; mais il existe des exemples analogues, en chimie, de l'action de matières organiques neutres, comme du sucre, par exemple, sur la solubilité de substances naturellement insolubles dans l'eau pure. Ainsi, il est reconnu que, lorsqu'il existe en dissolution dans un liquide, du sucre, par exemple, et un sel de chaux ou de fer, etc., et qu'on vient, par l'addition d'un réactif, à déterminer la formation d'un précipité, soit de carbonate de chaux ou d'oxyde de fer, une partie seulement du nouveau sel insoluble se précipite, et il en reste toujours une certaine quantité qui est retenue en dissolution dans l'eau par l'action de la matière organique. De l'eau renfermant du sucre ou tout autre substance organique du même groupe, peut toujours retenir de même en dissolution une petite quantité de silice, d'alumine, de phosphate de chaux, etc. ; on dit, dans le langage chimique, que la présence des matières organiques dans un liquide *masque les réactions*, parce que les précipités ne se forment qu'incomplétement. Le quartz ne se dissout pas directement d'une manière sensible dans l'eau sucrée, si on ne lui fait pas subir des actions de désagrégation particulière comme la calcination et l'immersion brusque dans l'eau, ou bien encore le broiement prolongé du minéral en contact avec le liquide sucré; ou bien encore lorsqu'il a été combiné par un alcali et décomposé ensuite par un acide.

Toutes ces causes de désagrégation se retrouvent sinon semblables, du moins analogues, et cela, avec une grande intensité à la surface du sol. Il existe, en effet, entre les divers principes minéraux qui constituent, par leur mélange, la terre arable, un travail continu de désagrégation, occasionné par l'action de l'air, agissant par son oxygène et par son acide carbonique, auquel s'ajoutent l'action de l'eau, les changements de température ainsi que l'extrême division des corps qui permet un contact intime entre eux. Toutes ces conditions réunies concourent à la désagrégation des minéraux qui constituent le sol; lorsque les parties les plus ténues se forment dans des conditions toutes semblables à celles de la formation d'un précipité de carbonate de chaux ou d'oxyde de fer, par l'action d'un réactif, dans un liquide renfermant du sucre, le produit de la désagrégation, silice, carbonate de chaux, oxyde de fer, alumine, etc., restera à l'état de dissolution dans l'eau saturée de la matière organique qui existe toujours dans la terre fertile.

Serait-il autrement possible d'expliquer comment le silice, le fer, peuvent exister à l'état de dissolution, dans la quantité si peu considérable d'eau qui se trouve dans la terre, quantité si petite que la terre semble seulement humide? Et cependant, tous ces sels minéraux sont à l'état soluble, dans cette petite quantité d'eau, car, par les lavages de la terre par l'eau tiède, on ne fait qu'enlever les parties solubles, sans déterminer alors leur dissolution, puisque les plantes pouvaient déjà absorber par leurs racines ces substances minérales dans la terre paraissant presque sèche.

Quant à l'action de l'acide carbonique sur la solubilité des sels, cela pourrait s'expliquer pour le carbonate de chaux seulement; mais l'expérience montre qu'il n'en est rien, puisqu'un extrait de terre dans l'eau ne se trouble pas par l'ébullition, ce qui devrait nécessairement avoir lieu, si le carbonate de chaux était uniquement retenu en dissolution par l'action de l'acide carbonique.

Les explications qui précèdent étaient nécessaires pour faire comprendre les détails qui vont suivre sur l'analyse proprement dite, en indiquant d'une manière générale la composition des extraits obtenus d'une terre fertile quelconque.

II. — Procédés à suivre dans l'analyse d'un extrait de terre
obtenu par l'eau, par M. Verdeil.

Il est indispensable d'opérer sur une masse de terre d'un
poids de 10 à 15 kilos au moins. Cette terre, provenant de
diverses parties d'un champ, est desséchée soit au soleil,
soit dans une étuve dont la température est peu élevée; puis
elle est mélangée, dans un vase, avec de l'eau distillée tiède,
jusqu'à ce que la terre soit complétement pénétrée et recou-
verte par le liquide. La dessiccation préalable est nécessaire
pour permettre à l'eau d'entrer en contact avec toutes les
parties de la terre; une terre humide ne se laissera jamais
pénétrer complétement, et il faudra employer une grande
quantité d'eau pour obtenir un extrait; tandis que la terre
sèche abandonne facilement à l'eau les principes solubles
qu'elle renferme.

Au bout de quelques heures, le liquide qui surnage sur
la terre est filtré; puis, la masse entière est placée sur un
linge, pour la laisser égoutter; lorsqu'elle ne cède plus de
liquide, on l'arrose de nouveau avec un peu d'eau tiède.

Le liquide qui s'écoule est légèrement jaunâtre; lorsqu'il
a été filtré à travers du papier, il est parfaitement clair.

On l'évapore alors dans une capsule au bain-marie jusqu'à siccité.

Le résidu sec que l'on obtient ainsi est plus ou moins
considérable; il est pesé pour établir la proportion de matières solubles dans l'eau contenue dans le terrain qui a été
analysé.

La quantité de résidu extrait d'une terre fertile sera toujours assez considérable si l'on a soin de dessécher la terre
et si l'on répète deux ou trois fois le lavage de la terre avec
un peu d'eau distillée tiède, de manière à obtenir, pour 10
à 15 kilogrammes de terre, 3 ou 4 litres de lessive. Ces pré-

cautions sont indispensables, car il est reconnu que les matières poreuses, comme la terre, le charbon, l'alumine hydraté, etc., retiennent dans leur masse les substances qui sont en dissolution dans l'eau, et qu'il faut réitérer les lavages pour les en extraire. C'est grâce aussi à cette propriété des corps poreux que les premières pluies n'ont pas la possibilité de délayer outre mesure les terres arables.

Pour déterminer dans quelle proportion la matière organique se trouve mélangée avec les substances minérales dans l'extrait, on pèse une certaine quantité du résidu et on le brûle dans une capsule de platine ; toute la matière organique se décompose par l'action de la chaleur et s'échappe sous forme de gaz ; il reste, dans la capsule, les sels inorganiques. On pèse de nouveau, et si l'on a bien conduit l'incinération, si on n'a pas trop élevé la température, la différence de poids indique exactement la proportion de la matière organique renfermée dans le résidu.

Les sels fixes sont ensuite analysés comme il est dit dans l'*Appendice* n° 3.

Pour obtenir tout l'azote de l'extrait de terre, dans le résidu sec, il faut évaporer une petite quantité de l'extrait à part, en y ajoutant quelques gouttes d'acide sulfurique faible, pour transformer le carbonate d'ammoniaque en sulfate.

Le résidu sera brûlé dans un tube avec de la chaux dosée en procédant comme pour tous les dosages d'azote.

III. — Sur les propriétés de l'extrait de terre végétale [1].

Lorsqu'on met un kilogramme de terre séchée à 100° sur un filtre, le premier litre d'eau distillée froide que l'on verse dessus, sans remuer aucunement, passe en partie à travers

[1] M. Risler, ancien préparateur de chimie à l'Institut agronomique de Versailles, qui avait pris part aux travaux de M. Verdeil sur le terreau, a bien voulu ajouter la note suivante à celle de ce chimiste.

le filtre et entraîne avec lui de 0,5 gr. à 0,1 de substances dissoutes suivant la nature des terres.

Je ferai remarquer que beaucoup d'eau est retenue hygroscopiquement et avec elle une certaine quantité de matières solubles.

Le deuxième litre en entraîne un peu moins, et ainsi de suite.

Plus l'exposition à l'air, entre le premier et le deuxième lavage, est grande, moins la diminution est grande.

Si l'on fait digérer, pendant quelques heures, un kilogr. de riche terre de jardin avec de l'eau chaude, on peut en extraire de 0.55 jusqu'à 1 0/0 de substances solubles.

L'extrait contient des proportions très-variables de substances organiques de 20 à 70 0,0.

La composition de ces substances organiques varie beaucoup; cependant, j'y ai trouvé constamment une plus forte proportion de carbone que dans la cellulose.

J'ai constaté la propriété qu'elles ont de favoriser la dissolution du sulfate de chaux, en comparant les extraits obtenus par le lavage à l'aide d'une même quantité d'eau :

a 1,2 kilogr. de terreau de chêne;

b 1/2 kilogr. de terreau de chêne, plus 1,4 kilogr. de plâtre;

c 1,4 kilogr. de plâtre.

J'avais mélangé ces substances avec du sable quartzeux très-blanc, afin de diviser le plâtre.

Dans le mélange (*b*), il s'est non-seulement dissous plus de plâtre que dans (*c*), mais plus de substance organique que dans (*a*), ce qui ferait croire que l'action catalytique de la substance organique sur le plâtre est réciproque.

Lorsque l'on laisse un extrait de terre exposé pendant quelques semaines à l'air, il se forme à sa surface des pellicules insolubles.

La substance organique dissoute s'est, en partie, transformée en acide carbonique par l'oxygène de l'air.

Ces pellicules contiennent une plus grande proportion de matières minérales que l'extrait, et une beaucoup plus grande proportion de silice et surtout de sulfate de chaux.

J'ai comparé les extraits obtenus, en lavant un certain poids de terre, d'une part (a), avec de l'eau distillée pure, de l'autre (b), avec de l'eau distillée chargée d'acide carbonique. La quantité de matières dissoutes dans (b) a été double de celles dissoutes dans (a), mais elle ne contenait en plus que des carbonates terreux et alcalins et des phosphates.

N° 3.

Analyse des cendres de végétaux, par M. P. Berthier.

Nota. Cette analyse ne peut pas être réduite à des termes assez peu compliqués pour pouvoir être exécutée par de simples amateurs, qui n'auraient pas une pratique assez avancée des manipulations chimiques. Il conviendra donc toujours de la confier à un chimiste. (*Note de M. de Gasparin.*)

Les cendres qui proviennent de la combustion des végétaux renferment, en général, des alcalis (potasse et soude), de la chaux et de la magnésie, des oxydes de fer et de manganèse, de la silice, des acides phosphorique, sulfurique et carbonique et du chlore. On ignore dans quels états de combinaison ces différentes substances se trouvent dans les plantes, ce serait là un important sujet d'étude (qui, dans l'état des choses, présenterait de grandes difficultés), mais on sait qu'elles renferment principalement des sels à acides organiques, qui, par la combustion, se transforment en carbonates, et l'ensemble des expériences qui ont été faites jusqu'à présent montre que, dans les cas les plus compliqués, il y a dans les cendres : 1° des sels alcalins (sulfates, phosphates, carbonates, silicates et chlorures); 2° des oxydes de fer et de manganèse, soit libres, soit en combinaison avec de l'acide phosphorique; 3° des sels à

base de chaux et de magnésie (phosphates et carbonates);
4° et qu'enfin elles sont toujours mélangées d'une proportion plus ou moins considérable de sable (en général
quartzeux), et d'argile calcinée provenant de matières terreuses, qui, quoi qu'on fasse, adhèrent toujours aux tiges et
aux feuilles des plantes.

On dessèche les matières végétales que l'on veut brûler,
soit à l'air libre, soit dans une étuve, selon le but qu'on se
propose.

L'incinération de ces matières est, en général, une opération assez embarrassante, et souvent même elle devient
très-longue et très-difficile; cela arrive lorsque les cendres
contiennent une forte proportion de matières alcalines, qui
les ramollissent et les font fritter, et qui, en empâtant le
charbon, le soustraient à l'action de l'air, ou encore lorsque
le charbon est de sa nature très-peu combustible. Dans le
premier cas, on enlève les sels alcalins par un lavage à l'eau
distillée, et on brûle de nouveau le résidu. Dans le second
cas, on porphyrise, et si cela ne suffit pas, on traite par
l'acide muriatique, qui dissout la plus grande partie des
substances minérales, et on grille une seconde fois le résidu
jusqu'à décoloration complète.

Quand on a à opérer sur de grands volumes, on commence la combustion dans de larges tests en terre que l'on
chauffe sur un foyer, puis on l'achève dans une capsule de
platine sous une moufle, en ayant soin d'ailleurs de por-
phyriser autant de fois que cela paraît nécessaire.

Pour qu'il soit facile de comparer entre eux les différents
végétaux, sous le rapport des quantités de cendres qu'ils
peuvent produire, et par suite de la quantité de substances
minérales qu'ils renferment, il faut que les éléments salins
de ces cendres y soient dans toutes au même degré de saturation, ou du moins à un degré de saturation connu. Or,
comme elles contiennent le plus souvent du carbonate de
chaux et du carbonate de magnésie, et que ces deux carbo-

nates, surtout le dernier, se trouvent toujours en partie décomposés par l'action de la chaleur qu'ils subissent, il en
résulte, qu'il manque toujours aux cendres une certaine
portion de l'acide carbonique qui est nécessaire pour la
saturation de ces deux terres. Quand l'analyse est termi-
née, il convient donc d'ajouter au poids des cendres, qu'on
peut appeler *cendres brutes,* le poids de l'acide carbonique
que la chaleur de la combustion leur a fait perdre. D'un
autre côté, il faut en retrancher le poids du sable et de
l'argile que l'analyse y a fait trouver, et on a alors la proportion de ce que l'on peut appeler les *cendres pures.*

Les phosphates alcalins paraissent manquer dans toutes
les parties ligneuses des plantes (racines, tiges, feuilles, etc.),
mais au contraire, il en existe en abondance dans les graines
(surtout dans celles qui proviennent des céréales, des plantes oléagineuses et des légumineuses), dans l'amande des
noyaux que contiennent les fruits, dans les tubercules, et
aussi dans les champignons. La présence de ces phosphates complique un peu les analyses, et à cause de cela,
il convient de distinguer les cendres qui en renferment de
celles qui n'en renferment pas.

Cendres qui contiennent des phosphates alcalins. Ces cendres
renferment toujours en même temps des phosphates de
chaux et de magnésie, souvent une petite quantité de phosphates et d'oxydes de fer et de manganèse, et quelquefois encore un peu de carbonate ou de silicate alcalin. Enfin, on y
trouve, en outre, des chlorures et des sulfates alcalins,
mais seulement en très-faible proportion. En général, on
ne peut en séparer d'une manière nette et facile les phosphates alcalins des phosphates terreux. Ceux-ci restent le
plus souvent à l'état de quasi combinaison avec les premiers, rendent les liqueurs louches et ne permettent pas
la filtration. En faisant bouillir ou mieux en évaporant à sec
et reprenant l'eau, on y parvient souvent, mais cela est

toujours long et incertain ; néanmoins, on remarque que
les *chlorure, sulfate* et *carbonate* se dissolvent très-facilement
et en totalité dans les premières portions d'eau. On met à
profit cette observation pour séparer et doser ces sels.
Pour cela, on traite la cendre par de petites quantités successives d'eau chaude, on filtre, ou même on se còntente
de décanter, on évapore à sec, on filtre de nouveau et on
analyse la liqueur. A cet effet, on la sature d'acide acétique, on en précipite l'acide sulfurique par le nitrate de
baryte, et ensuite le chlore et l'acide phosphorique par le
nitrate d'argent, on pèse ce dernier précipité, convenable-
ment desséché, puis en le traitant par l'acide nitrique pur,
on en sépare le phosphate d'argent, et il reste le chlorure
pur que l'on pèse. Par différence on a le poids du phosphate
d'argent, d'où l'on déduit, par calcul, le poids du phosphate
de potasse; enfin on a le poids du carbonate par différence;
si l'on voulait avoir ce dernier poids directement, il faudrait
employer l'acide muriatique au lieu de l'acide acétique pour
saturer les sels, évaporer pour chasser l'excès d'acide,
reprendre par l'eau, doser le chlore de nouveau, en retrancher le poids déjà obtenu de la première expérience,
et déduire de là, par calcul, la quantité de carbonate
alcalin équivalente.

Quand ces opérations sont faites, on prend une nouvelle
dose de la cendre, on la traite par l'acide muriatique bouil-
lant, on évapore à sec, puis on reprend par le même
acide, après quoi on étend d'eau. Il reste presque toujours
un peu de sable qui est souvent mélangé d'une petite quantité de silice gélatineuse. On sépare celle-ci du dépôt au moyen
d'une dissolution concentrée et bouillante de potasse caustique, qui la dissout, et on en a le poids par différence,
après qu'on a pesé le sable.

On sursature la dissolution d'ammoniaque et il s'en précipite des phosphates de chaux, de magnésie, de fer et de
manganèse. En pesant ce précipité après calcination, on a

le poids des sels alcalins, par différence ; on peut d'ailleurs obtenir une vérification directe, en évaporant à sec les liqueurs filtrées, et calcinant le résidu pour en chasser tous les sels ammoniacaux.

On porphyrise le précipité terreux, et on le redissout à chaud dans l'acide muriatique, employé en quantité aussi petite que possible; il en faut très-peu, parce que les phosphates se dissolvent aussitôt qu'ils sont transformés en sels acides. En ajoutant alors à la dissolution d'eau étendue de l'oxalate d'ammoniaque, on en précipite toute la chaux et l'oxyde de manganèse, et il reste des phosphates de magnésie et de fer que l'on en précipite à leur tour par l'ammoniaque. Le fer et le manganèse ne se trouvant, en général, qu'en proportion extrêmement faible dans les cendres, on se contente le plus souvent d'en signaler la présence, que l'on reconnaît à la teinte ocreuse que donne le fer, et à la teinte noire que donne le manganèse; mais il est d'ailleurs facile de les doser. Pour cela, on traite la chaux provenant de la calcination de l'oxalate par l'acide nitrique faible ou par l'acide acétique, qui laissent l'oxyde de manganèse, ou bien on la dissout dans l'acide muriatique et on précipite le fer par l'ammoniaque. Quant aux phosphates de magnésie et de fer, on les redissout dans l'acide muriatique, on fait bouillir la liqueur avec un excès de potasse, qui enlève tout l'acide phosphorique, et il reste les deux bases que, dans cet état, on peut séparer l'une de l'autre au moyen d'un acide faible comme on sépare le peroxyde de fer et l'oxyde de manganèse de la chaux.

Il importe de faire remarquer qu'il y a des cendres qui renferment des phosphates alcalins, et qui, pourtant, quand on les traite par l'eau pure, donnent des liqueurs limpides, contenant toutes les substances alcalines, telles sont, par exemple, les cendres provenant de la combustion des tubercules et des champignons. L'analyse de ces sortes de cendres se trouve par là très-simplifiée, et se fait comme l'analyse des cendres qui ne renferment pas de phosphates alcalins.

Cendres qui ne contiennent pas de phosphates alcalins. Il y a dans ces cendres, en général, des carbonates, sulfates, chlorures et silicates alcalins, du phosphate de chaux, du phosphate ou de l'oxyde de fer, de l'oxyde de manganèse, des carbonates de chaux et de magnésie, de la silice, et enfin du sable et de l'argile mélangés. En les traitant par l'eau bouillante, on dissout le plus souvent la totalité des sels alcalins, cependant, quelquefois, les silicates alcalins ne sont décomposés ou dissous qu'en partie, et alors dans le résidu insoluble il reste des sursilicates alcalins. Les pailles des céréales sont presque toujours dans ce cas. Quoi qu'il en soit, on analyse séparément la partie qui se dissout dans l'eau et la partie qui ne se dissout pas.

On évapore la dissolution aqueuse, on chauffe le résidu jusqu'à fusion, et on le pèse pendant qu'il est encore chaud, parce qu'il est presque toujours très-déliquescent. On le traite par de l'acide acétique dont on chasse l'excès par évaporation, on filtre pour séparer la silice; on précipite successivement de la liqueur l'acide sulfurique par le nitrate de baryte et le chlore par le nitrate d'argent : du poids de ces précipités on déduit le poids du sulfate de potasse et du chlorure de potassium, et on a le poids des carbonates alcalins par différence.

Quant à la partie des cendres qui est insoluble dans l'eau, on en prend un certain poids que l'on calcine fortement, de manière à en chasser la totalité de l'acide carbonique, et l'on pèse le résidu. Il ne se trouve plus dans ce résidu que des substances terreuses avec des oxydes de fer et de manganèse, parce que le peu de charbon que pourrait retenir la cendre brute est dissous et enlevé par l'acide carbonique qui se dégage. On prend une autre portion de la cendre brute lavée, on la traite par l'acide muriatique, on évapore à sec, on reprend par le même acide, on étend d'eau, et il reste de la silice gélatineuse, mêlée de terre et d'argile, dont on la sépare par le moyen de la potasse caustique, comme il a été dit ci-dessus. En ajoutant de l'ammoniaque à la liqueur muriatique, on en précipite du phosphate de chaux, du phosphate de fer, de la magnésie et de l'oxyde de manganèse, parce que la chaux se trouve presque toujours en très-grand excès par rapport à ces deux dernières substances. On pèse le précipité calciné, puis on le reprend par l'acide muriatique, comme il a été dit plus haut, et l'on précipite de la dissolution, d'abord la chaux et l'oxyde de manganèse par l'oxalate d'ammoniaque, puis la magnésie et l'oxyde de fer par le phosphate d'ammoniaque. Du poids de la chaux, provenant de la calcination de l'oxalate, on déduit le poids du phosphate de chaux (qui a la composition du phosphate des os), et enfin on décompose par la potasse caustique bouillante le phosphate de magnésie ferrugineux, après l'avoir fait dissoudre dans l'acide muriatique, et on sépare l'oxyde de fer de la magnésie, comme il a été dit plus haut. Il reste encore dans la liqueur d'où l'on a précipité les phosphates terreux, de la chaux et de la magnésie; on les précipite successivement, la chaux par l'oxalate d'ammoniaque, et la magnésie par le phosphate, à moins qu'il ne reste en même temps dans la liqueur une quantité notable d'alcali, ce que l'on a dû rechercher par des essais préliminaires. Dans ce cas, après avoir précipité la chaux, on évapore la dissolution, on calcine le résidu et il reste un mélange de chlorure alcalin, de chlorure de magnésium et de magnésie caustique. On traite ce mélange par de l'eau bouillante, qui laisse la magnésie et dissout les chlorures, dont on a le poids par différence, et enfin en précipitant la magnésie par le phosphate d'ammoniaque additionné d'ammoniaque, on calcule aisément la proportion de chlorure de magnésium, et par différence la proportion de chlorures alcalins.

Quand toutes ces opérations ont été effectuées il est facile de calculer la composition de la cendre en donnant à la chaux et à la magnésie toute la quantité d'acide carbonique qui leur est nécessaire pour leur saturation, et par suite on a aussi la proportion de cendre pure qui équivaut à la cendre brute que l'on a eu à analyser.

Il convient, pour l'usage des agronomes et surtout des physiologistes, d'exprimer la composition des cendres de deux manières : premièrement, en fractions décimales du poids des cendres pures, et secondement, en fractions décimales du poids des plantes ou matières végétales, soit sèches, soit dans leur état naturel, qui ont été brûlées.

N° 4.

Note sur le lupin.

Le lupin est l'engrais vert le plus adapté aux terrains argilo-siliceux. Dans les terrains calcaires, il pousse, très-ras du sol, un épi dont les fleurs se dessèchent du haut en bas, sans pouvoir fructifier.

Dans les environs de Nîmes, de Vienne et de Lyon, on le cultive sur les alluvions argilo-siliceuses qui composent les plaines cailloulteuses des bords du Rhône, et s'étendent parallèlement à la mer en Languedoc.

Dans cette partie du Midi, on sème le lupin en février sur un bon trait de charrue; ensuite on enterre les grains à la herse. Ils ne doivent pas être enfouis profondément. Quand on veut obtenir du grain, on sème à raison de cent vingt litres par hectare; mais on met cent cinquante litres de semence quand on veut se procurer la fane pour l'enterrer. Cependant, les bons cultivateurs prétendent qu'il ne faut pas dépasser la quantité de cent vingt à cent quarante litres, même pour se procurer la fane; et que quand le lupin est trop épais, les plantes montent sur une seule tige et ne deviennent pas touffues. A Nîmes, le prix moyen de l'hectolitre de grain est de 15 fr.; à Lyon, nous l'avons obtenu souvent pour 13 à 14 fr. En mai, quand le plant a fleuri et pris tout son développement, on l'enterre avec une charrue à versoir, en ayant soin de placer sous l'age une planche qui courbe les tiges avant l'arrivée du soc. Il est essentiel de pratiquer l'enfouissement quand le sol est assez frais pour permettre un labour régulier et exempt de mottes. Dans le cas contraire, il se perd beaucoup de plantes qui sont mal enfouies dans le sillon.

Les produits en grain varient nécessairement selon là richesse déjà acquise par le terrain. Ici, on nous dit que l'on n'obtient que six hectolitres de grain, ailleurs, on a douze hectolitres. Quant à la quantité du fourrage, elle varie aussi selon le terrain et les saisons.

On prend une seule récolte de blé sur cet engrais, et on la regarde comme moins chanceuse que celle qui vient sur du fumier d'étable. La paille en est moins abondante, mais les grains sont plus pesants et plus nets ; les champs sont moins souillés de plantes adventices. (*Note de MM. J. Roland et Fabre, de Nîmes*).

FRAIS DE CULTURE DU LUPIN.

Labour pour semer et pour enfouir les plantes. . .	48 fr.
12 décalitres de semence à 2 fr. 50 c.	30
Loyer de la terre, demi-année	30
	108

On a obtenu 4,000 kilogrammes de fanes de lupin séchées au soleil, dosant 1.65 pour 100 d'azote ; ainsi, en totalité, 66 kilogrammes d'azote

$$\text{Valant} : \frac{108}{66} = 1 \text{ fr. } 63 \text{ c. le kilogramme.}$$

N° 5.

*Note sur l'invention d'un nouveau moyen de transport d'engrais
en Angleterre.*

La distribution des engrais au moyen de tuyaux dirigés
sur les différents champs de la ferme, et dans lesquels l'engrais liquide est poussé au moyen d'une pression, a été
d'abord annoncée par M. Moll, dans le *Journal d'Agriculture
pratique*, 3ᵉ série, t. V, p. 45, 177, et il a fait honneur de
sa découverte à M. Kennedy ; puis M. de Lavergne, page 218
de son *Essai sur l'Économie rurale de l'Angleterre*, a cité
M. Huxtable comme son inventeur. Dans l'incertitude où
me laissèrent ces deux assertions, je me suis adressé à
M. Chadwick, secrétaire du bureau de la santé à Londres,
pour savoir la vérité. Voici la traduction d'un extrait de la
lettre qu'il m'a écrite, en date du 16 décembre 1853.

« Quant à la question qui concerne l'invention du nouveau système de traitement agricole pour la distribution
d'eau simple ou d'engrais liquide, à travers des tuyaux d'irrigation, sous forme de pluie ou de jet d'eau, c'est moi qui
en suis l'inventeur. Je mets plus de persistance à réclamer
pour les autres que pour moi-même. Mes études sur la
question agricole ont été liées à l'amélioration des conditions
hygiéniques des populations des villes. Depuis 1839 jusqu'à
ce jour, j'ai suivi avec une sérieuse attention toutes les
questions qui avaient rapport à ce sujet. J'ai réuni tous les

documents, étrangers et nationaux, qui ont été publiés, et j'ai publié mes propres travaux, sans mettre en avant mes prétentions personnelles.

« Il arrive souvent que les ingénieurs proposent, comme leur appartenant, des moyens dont ils n'indiquent pas l'origine. J'ai été peut-être négligent en passant sous silence le fruit de mes propres observations; je puis cependant affirmer que l'ensemble des conclusions du n° 1 au n° 6, page 50, des minutes des informations du bureau sur l'emploi des boues de villes aux produits agricoles est de ma création, ainsi que ceux du n° 6 au n° 10, pages 60 et 61. Je ne crois pas qu'aucun autre exposé ait été préalablement fait sur ce sujet, et qu'aucun fait matériel se soit produit antérieurement, ayant quelque analogie avec le nouveau système d'engrais dont il a été parlé, et qui a été développé dans la minute d'information pour l'application des fumiers des villes aux produits agricoles. Ayant été appelé à penser sérieusement et constamment aux moyens d'améliorer l'hygiène de nos villes, et trouvant qu'elles ne pouvaient être parfaitement et économiquement nettoyées que par l'enlèvement perpétuel de toute matière animale en dissolution dans l'eau, et que cette eau infecte ne pouvait, sans préjudice, être jetée dans les cours d'eau naturels; prévoyant, de plus, l'importance d'utiliser ces eaux grasses; m'étant aperçu que la distribution de ces eaux servait à l'irrigation des prairies à Edimbourg et à Milan, et pouvait occasionner des émanations préjudiciables, j'ai pensé qu'il était nécessaire de trouver un autre moyen d'appliquer cet engrais liquide des égouts. J'avais d'abord pensé à transporter le fumier des villes par la méthode que j'appellerai *irrigation souterraine*. Elle consiste à faire circuler ces eaux à travers des tuyaux de poterie, de manière à engraisser la couche inférieure du sol, où les plants puisent leur nourriture. Je crois encore que cette méthode peut être appliquée avec succès, mais je n'ai pas été assez heureux pour la voir mise assez souvent à l'essai, pour être à même de présenter au public des applications pratiques suffisantes.

« J'avais imaginé en même temps la méthode de distribution de ces eaux par jets fonctionnant au moyen de la pression exercée par la vapeur ou tout autre moyen dans un long tube, terminé par une partie flexible. L'extrême modicité du prix de l'eau de source, telle que l'on obtient pour 10 ou 15 centimes, même dans les parties les plus élevées ; la quantité d'eau qui, charriée à bras, revient à plusieurs francs, m'a suggéré l'idée d'appliquer la même méthode à l'enlèvement des eaux vannes et leur distribution, comme fumier, sur les champs et sur les prairies. J'avais déjà observé que l'eau qui approvisionne nos villes contient autant de limon que celle chargée de fumier liquide, destinée à une seule fumure. Pendant l'été de 1842 (pag. 12 de mon *Rapport*), je persuadai au fils d'un éminent manufacturier, M. Henry Thimpson, de Cliterhoe, d'en faire le premier essai. Vous trouverez le compte rendu de cet essai dans l'*Appendice* du *Rapport*, pag. 149. M. le docteur Lyon Playfair était alors en visite chez M. Thimpson, et fut témoin de ces premiers essais du tuyau et du jet. J'ai moi-même provoqué d'autres essais, cités pag. 12 des *Minutes*, et pag. 147 de l'*Appendice*, et j'affirme comme constatée par l'expérience, l'immense puissance absorbante du terrain, indiquée à la pag. 13. Ces détails ont été plus amplement développés par M. le professeur Way, et des expériences chimiques qu'il a faites à l'appui ont été publiées dans le *Journal de la Société d'Agriculture.*

« M. Smith, de Deanston, avait proposé précédemment l'application des eaux des égouts des villes aux prairies ; je la recommandai à M. Thimpson ; M. Smith adopta alors mon principe et en fit l'application dans une ferme de Glasgow, appartenant à M. Hervey. Cette expérience, rapportée à la pag. 113 du *Rapport,* me semble décisive.

« J'ai moi-même attiré l'attention de M. Huxtable sur cet

objet, et je l'ai invité à en faire l'essai; il avait eu l'intention
d'en parler dans un comice agricole réuni chez feu sir Ro-
bert Peel. Un de ses fils, le capitaine Peel, m'a consulté sur
l'application de ce principe chez lui, où l'on avait déjà fait
un essai. A la formation de la société chargée d'examiner la
question des égouts de la capitale, j'insistai pour qu'on fît
quelques essais, et j'en fis l'objet d'un rapport qui fut im-
primé. J'ai distribué grand nombre de ces rapports, et j'en
ai envoyé un exemplaire à l'honorable M. J. Kennedy, qui
l'a envoyé à une personne de sa connaissance, M. Kennedy
d'Ayr. M. Kennedy dit qu'après avoir lu ce rapport, ses
pensées s'étaient dirigées de ce côté, et que voyant surtout
ce qui avait été fait à Glasgow, il avait invité un habile in-
génieur à venir établir chez lui un système de travaux.
C'est chez lui que s'est faite la première grande et complète
expérience. Son exemple a été suivi par M. Telfair et dans
plusieurs fermes de l'Écosse.

« L'honorable M. Dudley de Forstcue et moi-même nous
avons examiné en détail ces exemples, et après les avoir
consignés dans les minutes de l'information, nous avons pu
les rédiger de manière à les mettre à la portée des différentes localités, dont l'hygiène réclamait une distribution
intelligente des fumiers des villes.

« J'ai remis ces minutes d'information à M. Mechi. Il a
été convaincu et s'est décidé à en adopter les principes.
D'après mon conseil, il a consulté sur l'exécution de ses travaux, M. See, un de nos ingénieurs inspecteurs. L'exemple
de M. Mechi a été des plus péremptoires et des mieux appliqués dans le sud de l'Angleterre. Un de nos savants et
habiles horticulteurs, M. J. Paxton, se servait assez habituellement d'engrais liquides; je lui ai donné des conseils
sur l'application des canaux souterrains à leur distribution,
et il me répond qu'il a adopté le système des tuyaux irriga-
teurs, sur l'étendue de 80 hectares de jardin, au palais de
cristal de Sydenham. Il compte aussi en couvrir la surface

d'un double système de tuyaux, l'un contenant l'eau pure, et l'autre l'engrais liquide. Ces nouveaux moyens, placés sous la direction d'horticulteurs expérimentés, sachant déjà se servir des engrais liquides, donneront de brillants résultats agricoles; ils seront tels qu'on n'en a pas vu de pareils jusqu'à présent. »

Cette lettre renferme l'histoire complète du système des tuyaux distributeurs de l'engrais, dont l'invention ne peut plus être contestée à M. Chadwick.

N° 6.

Frais d'une irrigation d'engrais liquide.

Nous donnons ici l'état des dépenses faites pour l'établissement d'une irrigation d'engrais liquide, dans une ferme de la Grande-Bretagne.

M. HUXTABLE : ÉTENDUE DE LA FERME, 105 HECTARES.

1,001 mètres de tuyaux de fonte de 10 centimètres de diamètre 3,726.90		
3,904 mètres de tuyaux de 8 centimètres de diamètre. 9,252.07	18,223.65	
Ajustage. 4,614.43		
25 robinets et leur ajustage. 630.25		
182 mètres de tuyaux de jets en toile préparée. . . .	352.94	
	18,576.59	

Dépenses capitales. . .   176 fr. 92 c. par hectare.

CHARGES ANNUELLES :

Intérêts de 18,223 fr. 65 c. à 7 1/2 pour 100. .	1,366.77
Intérêts de 352 fr. à 25 pour 100.	88.00
Nettoyage des conduits.	1,461.00
Ouvriers pour manœuvrer les tuyaux. . . .	853.60
	3,769.37

ou par hectare. . . . .   35 fr. 89 c.

Au lieu de toile, les tuyaux de jets sont généralement en gutta-percha, ils coûtent plus, mais durent plus longtemps.

Si, au lieu de tuyaux en fonte, on se sert de tuyaux en béton, d'après le procédé de M. A. de Gasparin, décrit ci-après, qui ne reviennent que de 1 fr. à 1 fr. 50 le mètre, au lieu de 3 fr. 75 à 4 fr. ; et quel que soit leur diamètre inté-rieur, pourvu qu'il ne dépasse pas 12 à 15 centimètres, on a, sur le capital primitif, une diminution de 5,620 fr. dont l'intérêt, à 7 1/2 p. 0/0, est de 420 fr. Les charges annuelles ne sont donc plus que de 3,348 fr. ou 31 fr. 88 cent. par hec-tare, au lieu de 35 fr. 89 cent.

Moyen employé par M. Augustin de Gasparin pour établir des conduites d'eau.

Il consiste à creuser une rigole, de la profondeur que l'on veut donner à la conduite. On en tapisse le fond d'une bonne couche de béton ; on place sur cette couche un tuyau en toile semblable à celui des pompes à incendie, et rempli d'eau. On en soulève l'extrémité à l'air, pour que la pres-sion maintienne le tuyau bien rempli et gonflé ; puis on re-couvre le tout d'une épaisse couche de béton. Alors, on retire le tuyau, qui se vide, et on l'emploie de nouveau à prolonger l'opération, et ainsi de proche en proche. Plu-sieurs de ces conduits, qui existent depuis plus de douze ans, n'ont éprouvé aucune dégradation.

N° 7.

Fumier de vaches, pesant 760 kilogrammes, poids vif,
à Hohenheim (Wurtemberg).

	fr.	
Valeur de la vache, 240 fr. ; intérêts. . . .	12.00	
Renouvellement $\frac{1}{30}$.	8 00	
Intérêts de la valeur des ustensiles. . . . , .	10.00	
Entretien desdits.	0.57	
Balais.	0.65	
Médicaments.	0.58	85.20
Éclairage.	0.72	
Soins à 13 cent. par jour.	47.45	
Intérêt des bâtiments.	2.50	
Taureau.	3.00	
Nourriture : foin, 6,925 kilogrammes à 3 fr.		
20 c.	221.60	29.082
Litière, 1,460 kilogrammes à 2 fr.	29.22	

336.20

PRODUITS :

	fr.
Les 0.77 d'un veau à 34 fr.	26.56
Lait, 1,992 litres à 10 cent.	199.36
Fumier dosant 41^k.41 d'azote (*Voyez* ci-après). .	90.10

336.02

Le kilogramme d'azote de l'engrais vaut :

$$\frac{90.10}{41.41} = 2 \text{ fr. } 17 \text{ c.}$$

PRODUCTION DU FUMIER.

	k.
5,135 kilogrammes de foin dosant 1.15 pour 100 donnent en azote.	59.00
Dont les 0.83.	48.97
A déduire pour 1,992 litres de lait dosant 0.57 d'azote.	11.35
	37.62
A ajouter pour 1,460 kilogrammes de paille. .	3.79
Total de l'azote de l'engrais. . . .	41.41

Chaque 100 kilogrammes d'animal vivant a donné, sans la paille, 4 kilogrammes d'azote dans son engrais.

Nº 8.

Vaches bretonnes, d'après M. Heuzé.

13 vaches de 400 kilogrammes, poids vivant moyen. Leur nourriture consistait dans les aliments suivants :

5,850ᵏ	navets	dosant 0.13 pour 100.	.	. .	7.60
9.360	rutabagas	— 0.17	—	. .	15.91
6,240	pommes de terre	— 0.36	—	. .	22.46
7,360	betterave.	— 0.21	—	. .	16.46
35,640	choux	— 0.28	—	. .	99.79
55,770	trèfle	— 1.54	—	. .	358.86
7,020	maïs	— 0.18	—	. .	12.63
					532,71

Équivalent de 46,323 kilogrammes de foin, et non de 56,160 kilogrammes comme le dit M. Heuzé. Au reste, c'est un rationement suffisant pour les vaches de cette taille.

	fr.	fr.
Prix de la vache : 150 fr., intérêts.	97.50	
Renouvellement ou amortissement de valeur, $\frac{1}{30}$.	65.00	
Entretien du mobilier.	20.00	
Éclairage.	10.00	
Médicaments.	30.00	887 50
Loyer des bâtiments.	50.00	
Soins. { Une domestique. . . . 120 / Une vachère. . . . . 60 / Nourriture et blanchiss. 432	612.00	
Taureau.	3 00	
Nourriture, 46,323 kilogrammes de foin à 3 fr. 20 c.	1,482.33	2,043.33
Litière, 28,000 kilogrammes de paille à 2 fr.	560.00	
		2,929.83

PRODUITS.

fr.

11 veaux 110.00
1,920 litres de lait par vache, ou pour les
13 vaches, 23,040 litres de lait à 10 c. . . 2,304.00
Fumier dosant 387^k.63 d'azote. 515.83

2,929.83

$$\text{Le kilogramme d'azote} = \frac{515.83}{387.62} = 1 \text{ fr. } 83 \text{ c.}$$

Les veaux sont vendus beaucoup plus jeunes qu'à Hohenheim, aussi la quantité de lait est proportionnellement plus considérable. Cette différence augmente la valeur du fumier et en diminue la quantité.

kil.

La nourriture donne en azote. 532.71

Dont les 0.83. . . . . 442.14
Production de 23,040 litres de lait à 0.57 pour 100
d'azote; à retrancher. 131.32

Reste. 310.82
Pour la paille, à ajouter. 86.80

387.62

Chaque 100 kilogrammes d'animal vivant a donné, sans compter la litière, 5^k.97 d'azote dans son engrais. A Hohenheim, chaque 100 kilogrammes de chair vivante recevait dans sa ration annuelle 10^k.48 d'azote ou dans sa ration journalière 28^g.7.

M. Heuzé donnait 10^k.24 d'azote par an, par 100 kilogrammes de poids, et 28^g.6 par jour.

Si nous faisions varier le prix du fourrage, en l'augmentant nous augmenterions la valeur de l'engrais.

Si nous baissions le prix obtenu du la't, nous diminue-
rions la valeur de l'engrais. Ainsi, soit dans le compte des
vaches bretonnes, le fourrage à 4 fr. au lieu de 3 fr. 20 cent.
Le prix du lait restant le même,

		Le fumier reviendrait à	2 fr.	09
Le fourrage étant à 5 fr.		—	3	50
—	6	—	4	68

M. Heuzé a fait un travail fort intéressant sur la valeur
du lait dans ses différents emplois, suivons-le dans ses déductions, pour voir l'influence que ce prix aura sur la valeur du fumier. Vendu à la ville, il tirait de son lait 0ᶠ.20 cent.
Le fumier était alors donné gratuitement.

Vendu à.	15 c.	on l'avait encore gratuitement.
Fabrication de fromage.	10	Le fumier vaut.. . 1 fr. 32
Si on en fait du beurre. .	7.8	— 3 20
Employé à élever des veaux	5.8	— 3 83

On doit donc faire une grande attention à l'emploi des
produits. Les gens négligents se croient quittes de soins, quand
ils ont obtenu beaucoup de lait d'une vache; les hommes
soigneux savent, qu'avec la moitié de cette quantité, ils
peuvent réaliser la même somme, s'ils lui trouvent un
meilleur emploi.

N° 9.

Engraissement de 100 moutons (1850). Poids moyen
40 kilogrammes.

	fr.	fr.
100 quintaux métriques de luzerne à 5 fr. .	500.00	} 554.00
Paille.	54.00	
Prix d'achat à 50 cent. le kilogramme vif..	2,000.00	
Intérêts pour 3 mois à 6 pour 100. . .	40.00	
Assurance 2,5 pour 100 pour 3 mois. . .	50.00	} 2,332 50
Loyer d'un bâtiment de 1,250 fr. à 6 pour 100.	62.50	
Frais de garde pendant 3 mois.	180.00	
		2,886.50

PRODUITS.

	fr.
100 moutons pesant 52 kilogrammes à 50 cent.	2,600.00
Fumier dosant 183.6 d'azote.	286.50
	2,886.50

La cherté des bêtes à engrais et la connivence des bouchers, n'ont pas permis de retirer de leur chair après l'engraissement un prix plus élevé qu'avant.

1 kilogramme d'azote du fumier coûte $\frac{286,50}{183,60}$ 1 fr. 56 c.

DÉTAIL DE LA PRODUCTION DE L'ENGRAIS.

	kil.
100 quintaux métriques de luzerne contiennent en azote.	194.00
Dont le mouton reproduit les 0.91	176.50
La paille.	7.10
	183.60

N° 10.

Chevaux.

Voici quelles ont été les dépenses pour un cheval du poids de 450 kilogrammes :

	fr.	fr.
Achat du cheval, 700 fr. Intérêts à 6 pour 100.	42.00	
Assurances, 10 pour 100.	70.00	
Harnais, 65 fr. à 25 pour 100.	17.00	
Instruments aratoires et chariots 215 fr. pour 2 chevaux, ou 107 fr. 50 c. pour chacun, à 20 pour 100.	21.40	181.62
Ferrure..	12.00	
Vétérinaire.	3.00	
Éclairage.	0.72	
Soins.	10.50	
Logement	5.00	
6,570 kilogrammes de foin ou l'équivalent à 3 fr. 20 cent.	210.25	227.85
879 kilogrammes de paille de literie à 2 fr. .	17.60	
		409.47

Le produit se compose de deux inconnues, le prix du travail dont nous savons qu'il a fait 210 journées est celui de l'engrais.

Nous prenons pour type du travail le labour fait en terre moyennement forte, où la bêche dynamométrique (*Cours d'Agric.*, t. I, pag. 147) enfonce de 50 millimètres et laboure à la profondeur de 16 centimètres. Le travail d'une journée produit le labour de 47 ares 60 centiares ; ce qui est l'équivalent d'une force qui élèverait 332 mètres cubes d'eau à la hauteur d'un mètre. Un cheval appliqué à une noria élève de 6 à 900 mètres cubes par jour, c'est un travail beaucoup plus forcé que le travail moyen de nos bêtes de labour.

L'eau distribuée par les canaux revient à environ 0 fr. 0042 cent. le mètre cube; c'est le prix que les agriculteurs trouvent suffisamment modéré. A ce taux, la journée des chevaux d'agriculture vaudrait 1 fr. 39 cent.

Quant au fumier, il se compose ainsi qu'il suit :

	kil.
6,570 kilogrammes de foin dosant azote. . . .	75 55
A réduire à 0.81 à cause des pertes.	61.19
A déduire pour 10 heures de travail pendant lesquelles le cheval est absent de l'écurie, et pendant 210 jours. Reste.	46.52
Paille.	2 28
	48 80

La recette se compose donc ainsi qu'il suit :

	fr.
210 journées à 1 fr. 39 c.	291.90
48k.80 d'azote pour solde..	117.57
	409.47

Le kilogramme d'azote vaut $\frac{117.57}{48.80} = 2$ fr. 41 c.

Ce chiffre varierait selon que le fourrage aurait un prix plus élevé; par exemple, le foin étant à 5 fr., nous aurions le kilogramme d'azote à 4 fr. 83 cent. Mais aussi, on peut tirer un prix plus élevé du travail du cheval : 1° si on parvient à lui faire faire un plus grand nombre de journées; 2° si ses journées sont occupées d'une manière plus lucrative. Nous n'avons eu en vue, ici, que le travail ordinaire de la ferme, et nous concevons qu'il peut être organisé d'une manière qui serait plus avantageuse. Il y a beaucoup à faire, sous ce rapport, et nous le montrerons dans la suite de cet ouvrage.

N° 11.

Fumier de ferme.

La valeur du fumier de ferme tient au nombre et à la qualité des animaux que l'on y rassemble, et aussi aux modifications que peuvent subir les résultats énoncés dans les notes précédentes, selon que le fourrage sera plus cher, que les animaux seront rationés plus ou moins abondamment, et enfin, selon le prix que l'on retirera de leurs produits.

Nous ne pouvons ici que donner un exemple de la manière de procéder pour trouver cette valeur, après que l'on aura fait à celle des différentes espèces d'animaux les corrections que nous venons d'indiquer.

Soit une ferme qui contienne les animaux suivants :

	kilogr. d'azote.	fr.	fr.
4 chevaux produisant ensemble.	195.20	2.41	470.43
13 vaches bretonnes	387.63	1.32	512.83
100 moutons d'engrais. . . .	183.60	1.56	286.50
	766.43		1269.76

Le prix du kilogramme d'azote est $\dfrac{1269.76}{766.43} = 1$ fr. 657.

TABLE.

a

TABLE.

ERRATA :

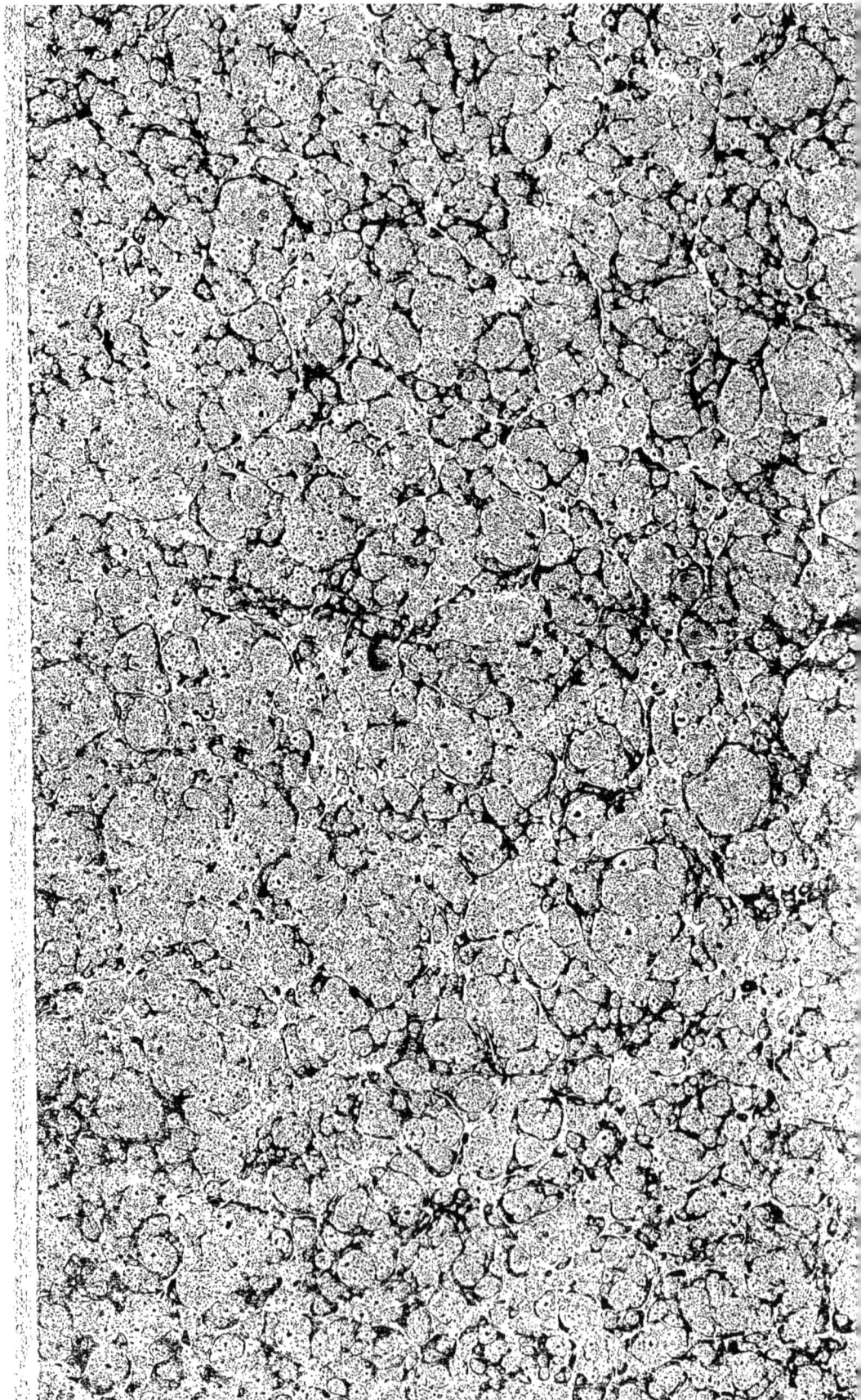

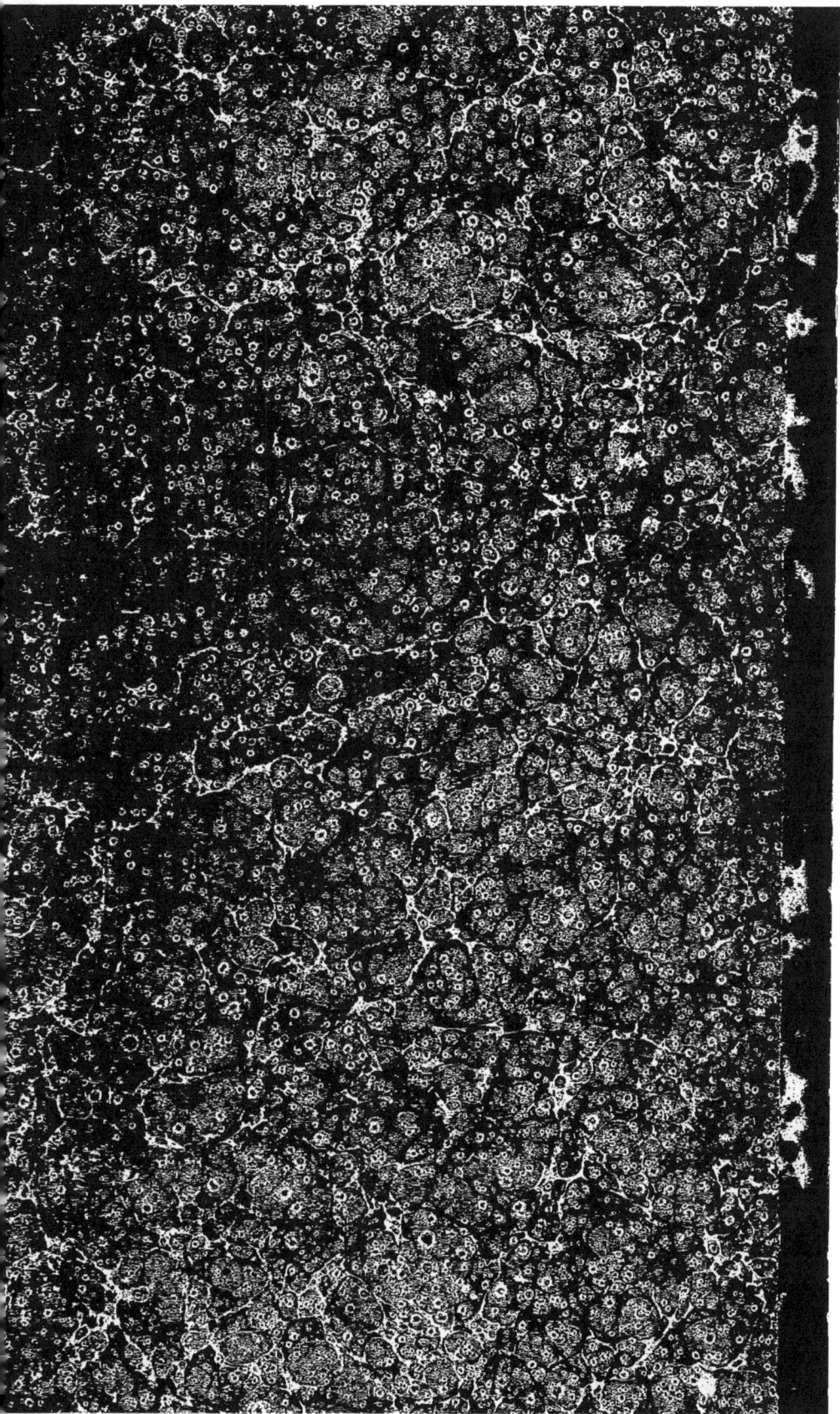